Ge⊕grafias

IMPRENSA DA UNIVERSIDADE DE COIMBRA
COIMBRA UNIVERSITY PRESS

FÁTIMA VELEZ DE CASTRO,
JOÃO LUÍS FERNANDES
RUI GAMA

REDES,
CAPITAL HUMANO
E GEOGRAFIAS
DA COMPETITIVIDADE

IMPRENSA DA
UNIVERSIDADE
DE COIMBRA
COIMBRA
UNIVERSITY
PRESS

EDIÇÃO

Imprensa da Universidade de Coimbra
Email: imprensa@uc.pt
URL: http//www.uc.pt/imprensa_uc
Vendas online: http://livrariadaimprensa.uc.pt

COORDENAÇÃO EDITORIAL

Imprensa da Universidade de Coimbra

CONCEÇÃO GRÁFICA

António Barros

IMAGEM DA CAPA

The city light of Singapore from high_above
By William Cho [CC BY-SA 2.0 (http://creativecommons.org/licenses/by-
-sa/2.0)], via Wikimedia Commons

PRÉ-IMPRESSÃO

Mickael Silva

PRINT BY

CreateSpace

ISBN

978-989-26-1196-9

ISBN DIGITAL

978-989-26-1197-6

DOI

http://dx.doi.org/10.14195/978-989-26-1197-6

DEPÓSITO LEGAL

412098/16

SUMÁRIO

PREFÁCIO

No âmbito da XVI Semana Cultural da Universidade de Coimbra (2014) reuniu-se um conjunto de investigadores que, partilhando das mesmas preocupações científicas, discutiu problemática(s) em torno do tema das redes, do capital humano e das geografias da competitividade.

Daqui resultou um conjunto de trabalhos de investigação sobre as relações territoriais contemporâneas, entre as lógicas espaciais contínuas e as descontínuas, as euclidianas e as topológicas, em que além das velhas questões geográficas, mais lentas, contam hoje também as relações mais rápidas e tecnologicamente imediatas e estruturadas em redes. A urgência dos estudos nesta área resulta da importância que as redes têm na afirmação estratégica dos lugares, ganhando interesse a análise das relações de proximidade e de continuidade geográfica, assim como também as relações descontínuas, as que procuram associações de afinidades estratégicas ainda que estas estejam marcadas por posições geográficas distantes e fragmentadas. A discussão desenvolve-se por isso em torno do entendimento de como a afirmação estratégica dos lugares, por um lado, e a promoção do capital humano, por outro, dependem ao mesmo tempo das velhas e das novas geografias, das relações de proximidade, relações à distância (em redes) e ainda da resiliência das populações, no sentido de capacidade de adaptação e resposta reativa e proactiva.

A obra conta com duas partes. Uma primeira, referente ao tema específico das redes, diásporas e dinâmicas de difusão cultural, apresenta três capítulos de estudos sobre migrações. O primeiro trata a questão das diásporas enquanto conceito e estruturação em rede, assim como produtora de paisagens. Também a economia, a política e as relações de poder, no âmbito da desconstrução da ideia de "área cultural", e ainda as paisagens culturais e as oportunidades para o desenvolvimento.

O segundo aborda questões migratórias na Argentina, com enfoque nas redes migratórias e nos processos de mobilidade humana. Discute a formação de redes transnacionais no país, bem como os padrões de assentamento da população estrangeira residente quanto ao tempo e destino do ponto de vista do género.

O terceiro capítulo parte da discussão da teoria das redes sociais, na relação com o quadro teórico em geografia das migrações, e apresenta um estudo de caso na Península Ibérica, onde se explica como a influência do capital social preconizou a abertura de canais migratórios, assim como os efeitos sociais e territoriais que daí resultaram.

A segunda parte da obra congrega trabalhos sobre redes de conhecimento, inovação e dinâmicas territoriais. O quarto capítulo aborda questões associadas à relação entre as universidades e instituições de ensino superior com as redes de conhecimento, I&D e o desenvolvimento regional, analisando a participação em projetos de investigação da FCT. O foco da análise centra-se ainda no caso de Coimbra, tendo em conta as redes de colaboração em várias áreas de trabalho, das ciências da vida às engenharias, passando pelas ciências sociais e humanidades, entre outras.

O quinto capítulo trata das dinâmicas empresariais e das redes de inovação no Centro Litoral de Portugal, a partir de uma leitura baseada nos instrumentos de apoio da Agência de Inovação (AIDI), nomeadamente das redes sociais, das colaborações e das dinâmicas espaciais derivantes.

O sexto apresenta um estudo na área das redes de conhecimento nas ciências da saúde, sendo a análise realizada a partir de *star scientists* nacionais. Além da definição do conceito e da abordagem metodológica, são apresentados os resultados, com destaque para o estudo de caso de dois nomes: Alexandre Quintanilha e Manuel Sobrinho-Simões.

O sétimo e último capítulo trata a questão das relações de interface e redes de informação em cidades médias no Brasil, apresentando como exemplo Presidente Prudente. É realizada uma reflexão em torno das relações de interface, na relação com os espaços de lazer noturno, sendo revelada a representação gráfica das redes sociais subsequentes.

Fátima Velez de Castro, João Luís Fernandes e Rui Gama

1ª Parte - Redes, diásporas e dinâmicas de difusão cultural

REDES, PAISAGENS CULTURAIS E DIÁSPORAS- ENTRE A ATRAÇÃO TURÍSTICA E A AFIRMAÇÃO IDENTITÁRIA E POLÍTICA

NETWORKS, CULTURAL LANDSCAPES AND DIASPORAS – FROM TOURISTIC ATTRACTION TO IDENTITY AND POLITICAL RELEVANCE

João Luís Jesus Fernandes | jfernandes@fl.uc.pt

Departamento de Geografia e Turismo/Faculdade de Letras da Universidade de Coimbra

CEGOT

Ainda que seja um processo geográfico e social assimétrico, o mundo está hoje marcado pelo movimento. Em muitos casos, essas mobilidades espaciais estão organizadas por redes (diásporas), com centros de difusão e canais de contacto. Por estes circulam pessoas, mas também diferentes formas de capital, bens materiais e patrimoniais, a língua e a religião, as ideias e importantes expressões de poder económico e político. Neste mundo mais complexo e flexível, é também pelas paisagens que essas diásporas se afirmam, fazendo destes espaços geográficos não apenas territórios de atração turística mas também instrumentos de afirmação identitária e política.

Palavras-chave: Diásporas, Paisagens Culturais, Redes, Difusão Espacial, Desenvolvimento

DOI: http://dx.doi.org/10.14195/978-989-26-1197-6_1

Although expressing an unequal geographical and social process, the world is today ruled by movement. In many cases, these spatial human mobilities are organized into networks (diasporas) structured by diffusion centers and contact channels. Through these roads of movement, flows a stream of populations, but also a wide range of material and non-material capital such as language and religion, ideas and further relevant expressions of economic and political power. In this more complex and flexible world, diasporas also express their identities through landscapes that, in the meantime, can be a significant touristic attraction but also a relevant political instrument.

Key-words: Diasporas, Cultural Landscapes, Networks, Spatial Diffusion, Development

Nota introdutória

"As raízes enfiam-se na terra, contorcem-se na lama, crescem nas trevas: mantêm a árvore cativa desde o seu nascimento e alimentam-na graças a uma chantagem: 'Se te libertas, morres!'

As árvores têm de se resignar, precisam das suas raízes: os homens não. (...) Para nós só as estradas contam. São elas que nos guiam (...). Elas fazem-nos promessas, levam-nos, empurram-nos e depois abandonam-nos. E então morremos, tal como nascemos, à beira de uma estrada que não escolhemos"

Amin Maalouf (2004, p.9)

A palavra 'rede' é hoje de utilização comum, invocada em múltiplas circunstâncias e associada a realidades muito diversificadas. Contudo, e apesar do carácter polissémico que por vezes assume e dos critérios difusos que as enquadram, o conceito e as dinâmicas das redes, pelo que implicam de contacto, movimento e deslocação, têm vínculo direto com a demografia e a mobilidade espacial das populações.

À diversidade de usos, junta-se a dos pontos de vista, do grau mais ou menos positivo ou negativo que se atribui a esta estruturação reticulada. No que às migrações diz respeito, é comum a consideração depreciativa da ideia de rede, associando-a a mobilidades ilegais e criminosas, ao tráfico de pessoas e ao crime, fatores que contribuirão para uma mais acentuada ideia de insegurança num mundo em crescente desregulação. Shelley (2010, p.27), refere-se mesmo à existência de "trafficking networks". Neste ponto de vista, a rede seria algo que não se domina, que escapa ao controlo, uma teia de poderes difusos e obscuros que colocaria em causa as certezas de um local na aparência protegido e familiar, uma ameaça ao conforto de uma suposta segurança ontológica garantida quando se conhecem e dominam os atores e os espaços de vida quotidiana. A organização em rede de atores associados ao terrorismo e à criminalidade veio acentuar essa desconfiança perante organizações que se movimentam com objetivos e lógicas espaciais próprias (Haesbaert, 2002; Glenny, 2008).

Em sentido, contrário, a rede pode também ser entendida como uma oportunidade e um caminho estratégico, sobretudo quando se discutem trajetórias de lugares. Neste ponto de vista, por oposição ao discurso da concorrência e da competitividade, a rede é uma forma de associação, cooperação e partilha de esforços e capital (Scott e Garofoli, 2007).

O conceito de rede remete para estruturas constituídas por fluxos, nós e canais através dos quais circulam atores geográficos e diferentes categorias de capital, por onde se recebem mas também a partir das quais se faz a difusão do material e do imaterial, do poder político e da influência económica, dos fatores de interação social aos de identidade cultural, numa dinâmica que movimenta e desloca mas que também cruza e cria novas realidades (Castells, 2010).

Esta não é uma discussão alheia à Geografia, pois também os valores, as práticas e as instituições estão condicionadas e se territorializam pelo movimento que flui através de redes como, por exemplo, as diásporas. Estas produzem e modelam espaços geográficos e paisagens, numa expressão territorial que associa a rede a uma territorialidade complexa marcada por múltiplas escalas e temporalidades (Saquet, 2011).

Enquanto atores geográficos, estas redes migratórias fazem a síntese entre a permanência trazida pelo enraizamento que assegura a continuidade e traz o risco do enclausuramento; e a novidade implicada nas estradas referidas por Maalouf (2004), as mesmas que, numa sucessão de encruzilhadas imprevisíveis, apontam para o instável e para as mudanças. O que faz das diásporas um relevante ator na arquitetura espacial contemporânea é este difícil balanço entre o passado e a inovação, entre as continuidades e as rupturas (Saquet, 2011).

Diáspora – conceito e estruturação em rede

"(...) the term 'diaspora' (...) derives from the Greek - dia, 'through', and speirein, 'to scatter'. (...) diaspora refers to a 'dispersion from'. Hence the word embodies a notion of a centre, a locus, a 'home' from where the dispersion occurs. It invokes images of multiple journeys. (...) At the heart of the notion of diaspora is the image of a journey. Yet not every journey can be understood as diaspora. Diasporas are clearly not the same as casual travel. Nor do they normatively refer to temporary sojourns. Paradoxically, diasporic journeys are essentially about settling down, about putting roots 'elsewhere'"

Avtar Brah (1996, pp.178-179)

O movimento e a mobilidade especial da população não constituem novidade. Desde sempre, as deslocações de grupos humanos existiram e marcaram paisagens e espaços geográficos, transportando e trocando materialidades e imaterialidades, reproduzindo o que já existia mas criando também realidades novas. Ainda assim, a revolução dos transportes, as dinâmicas demográficas nalgumas regiões do planeta, a interconetividade dos sistemas sociais e económicos mas também as assimetrias de vária ordem, têm feito aumentar o movimento e os fluxos, daqui derivando uma nova realidade geográfica, que associa o espaço zona aos fluxos, o permanente ao móvel (Haesbaert, 2004).

Segundo Appadurai (2004), este mundo em movimento é impulsionado por múltiplos atores e agentes. Do mesmo modo que aponta para os fluxos financeiros – as denominadas *Finantialscapes*, Appadurai refere-se também à demografia em deslocação. Esta apresenta-se organizada por redes que podem estar associadas a um vínculo de natureza étnica – as *Ethnoscapes*, que nos remetem para o conceito de diáspora.

Ainda segundo Appadurai (2004), estas constituem um dos protagonistas a considerar numa nova ordem mais instável e flexível, vivenciada muito para além da rigidez imposta por certos atores, como os Estados. Para Gilroy (2000, p.124), "Consciousness of diaspora affiliation stands opposed to the distinctively modem structures and modes of power orchestrated by the institutional complexity of nation-states. Diaspora identification exists outside of and sometimes in opposition to the political forms and codes of modem citizenship. The nation-state has regularly been presented as the institutional means to terminate diaspora dispersal. At one end of the communicative circuit this is to be accomplished by the assimilation of those who were out of place"

Como se refere em Bruneau (2010), o recente interesse pelo conceito de diáspora traduz não apenas o alargamento dos fluxos migratórios mas também o enfraquecimento do tradicional protagonismo dos Estados, a favor de atores que se territorializam segundo lógicas mais flexíveis.

Nesse sentido, as diasporas podem entender-se como uma rede estruturada de migrantes de expressão territorial descontínua, com uma origem comum, diferentes lugares de chegada e uma unidade dinâmica e flexível, por onde circulam fluxos de múltipla natureza, de pessoas a diversas formas de capital, do social ao económico, do cultural ao político.

Alguns autores salientam as conetividades existentes nessa rede, assim como o caráter transnacional desta estrutura. Para Gregory, Johnston, Pratt, Watts e Whatmore, (2009, pp.158-159), por diáspora pode entender-se, "a scattering of people over space and transnational connections between people and places

(…)", acrescentando que, nesse sentido, se tratam de movimentos geográficos que implicam questões e escalas como, no original, "space and place, mobility and locatedness, the nation and transnationality".

Estas definições apontam para a dispersão e descontinuidade geográfica, referem-se à conetividade, à existência de vínculos e de filiação ao lugar de origem. Não se discute aqui o conceito fluido, dinâmico e multiterritorial de identidade (Haesbaert, 2004; Maalouf, 1999), mas sim os elos de identificação. Afinal, seguindo Gilroy (2000, p. 124), "The term opens up a historical and experiential rift between the locations of residence and the locations of belonging", como se, na diáspora, uma coisa fossem os espaços vividos no quotidiano e outra, num outro plano, os lugares de identidade e do imaginário.

Talvez por isso, como refere Silvey (2013, p.409), "The last two decades have witnessed a burgeoning of cultural-geographic studies of migration", facto que faz das diásporas um tema interdisciplinar mas sobretudo geográfico e aberto a um enfoque muito particular desde a Geografia Cultural.

Numa tensão entre movimento e topofilia (Tuan, 1980), para Cloke, Crang e Goodwin (1999, p.335), a diáspora implica o afastamento em relação a uma casa: "Diaspora: the dispersal or scattering of people from their original home. As a noun it can be used to refer to a dispersed 'people' (hence the Jewish diaspora or the Black diaspora). However, it also refers to the actual processes of dispersal and connection that produce any scattered, but still in some way identifiable population. In this light, it also can be used as an adjective, diasporic, to refer to the senses of home, belonging and cultural identity held by a dispersed population".

Nessa mesma linha, numa leitura mais sentida sobre as perdas do afastamento, Hammer (2005, p.50), afirma que "Exile and diaspora are the antithesis of home and homeland. The traumatic loss of the homeland strengthens the connection of refugees and exiles to the homeland, and it continues to play an important role in their individual and collective imagination, constituting a central aspect of their self-definition".

Ainda assim, a perda de uma casa implica a construção de uma outra. Em parte, esta faz-se também pela própria produção de paisagem.

As diásporas na produção de paisagem

A dinâmica das redes migratórias faz-se por ciclos que Rogério Haesbaert (2004) denominou como des-reterritorialização. A saída e afastamento em relação a uma origem comum implicará um processo de desterritorialização, de perda de acessos quotidianos a lugares de importância funcional e/ou simbólica. O movimento e posterior paragem num lugar de chegada implicará a construção de outra territorialidade que, segundo o mesmo Haesbaert (2004), corresponderá a uma reterritorialização ex situ.

O nível e o ritmo dessa reterritorialização dependerão de fatores muito diversificados, como o acesso ao emprego, ao abrigo ou à cidadania; a familiaridade com a língua ou as afinidades (quantas vezes, de parentesco) com as comunidades de acolhimento. Para Velez de Castro (2014, pp.44-45), estas relações familiares podem materializara-se em "formas de ajuda que facilitam e motivam a migração (como por exemplo, da assistência financeira, facilitação da instalação habitacional e da procura de emprego, entre outras)", facto que leva a autora a associar estas redes migratórias a uma "forma de capital social, na medida em que permitem o acesso a bens e serviços (educação, saúde, etc.), a empregos com melhores salários ou a contactos úteis em situações diversas".

É por estas redes de apoio, mas também por fatores como a idade do migrante e as diferentes formas de capital (económico, social, profissional ou outro) que o acompanham, que depende o maior ou menor grau de resiliência e capacidade de adaptação.

A mobilidade espacial implica distância. No entanto, a deslocação entre a origem e o lugar de chegada é um processo que envolve distâncias com diferentes métricas, algumas de mais fácil quantificação, outras pouco mensuráveis. As distâncias quilométricas, tempo e custo, condicionam o movimento migratório. Ainda assim, para se compreenderem os movimentos e as decisões espaciais devem considerar-se também as distâncias sociais e culturais, assim como todo um contexto sistémico que influencia as opções (Hemmasi e Downes, 2013, Velez de Castro, 2014).

Ainda assim, migrar pode implicar afastamento mais ou menos substantivo em relação a um determinado contexto cultural, expresso por elementos como a língua, a religião, a gastronomia ou a arquitetura vernacular. Por isso, a deslocação de marcadores identitários, que se transportam do centro da diáspora para o vértice de chegada, pode ser uma estratégia de reterritorialização e resistência.

A procura de segurança ontológica (Giddens, 1992) e redução, ainda que aparente, da distância cultural, passa pelo vínculo a iconografias agregadoras e de filiação a um certo passado e lugares deixados para trás. Para Jean Gottmann (1947), essas iconografias simbólicas, ou geossimbólicas, na expressão de Joël Bonnemaison (2004), constituem fatores de coesão social e étnica, mas também de identidade, resistência e segurança (Saquet, 2011).

Para Jorge Malheiros (2000, p.377), esta mobilidade de elementos identitários de base, hoje potenciada por um certo encurtamento das distâncias, reforça o caráter transnacional destes atores: "(...) a questão do transnacionalismo das comunidades imigradas prende-se menos com os aspectos quantitativos do volume de imigrantes no mundo e mais com a emergência de processos de tipo diverso que permitem, quer o desenvolvimento dos contactos e da circulação internacional, quer uma manutenção mais fácil dos elementos identitários de base (práticas culturais, religião, hábitos alimentares...). O progresso dos transportes e das telecomunicações e a diminuição dos seus custos relativos facilita os processos de vai-e-vem dos migrantes e garante um suprimento quase contínuo de informação sobre os territórios de origem".

Na mesma linha, para autores como Silvey (2013), enquanto processo em constante construção-reconstrução, as diásporas devem implicar um outro olhar sobre os estudos culturais e, acrescenta-se aqui, sobre a análise das dinâmicas das paisagens. Para Silvey (2013, p.415), "(...) migration studies needed to move beyond static notion of culture (...)". Numa perspetiva mais territorial, Gijsbert Oonk (2007, p.9) acrescenta mesmo que "the reproduction of culture in an often-hostile environment and the relation to the homeland are key features of the diaspora concept". Deste modo, as diásporas devem ser entendidas enquanto construtoras e modeladoras de paisagens culturais.

Segundo Vertovec (1997), as diásporas apresentam três componentes: são uma forma de organização social *(social form)* – organização social com efeitos políticos e económicos; é uma consciência *(type of consciousness)* – uma identidade, uma origem comum; e uma forma de produção cultural *(mode of cultural production)*. Para este autor, estas diásporas transferem; transformam; promovem trocas e hibridismos, num processo por vezes contestado e disputado, que implica negociações.

Deste modo, seguindo Joseph Nye (2014), a produção de paisagem pode ser um instrumento de *soft power*, um instrumento de afirmação e/ou de resistência, numa estratégia sobretudo relevante em grupos minoritários.

Enquanto fator de reterritorialização de comunidades de chegada, a paisagem é aqui entendida numa perspetiva fenomenológica e não representacional, uma paisagem que envolve processos, comportamentos, performances e celebrações e não apenas a mais estática realidade material da Escola de Berkeley e da concepção saueriana de paisagem cultural (Mácha, 2013; Ingold 2000; Thrift 2007).

A este respeito, Jorge Gaspar (2011, p.89) refere que o "renascimento dos estudos de paisagem em Geografia tem contemplado não só novos 'olhares' como também a emergência de novas apreciações sensoriais da paisagem". Esta paisagem tem maior densidade e profundidade, não se simplifica no visível e cartografável, no material e no estético. Ainda que a herança da modernidade releve o valor do visual e do observável (Azevedo, 2008), esta paisagem não representacional implica sensações tácteis, cheiros, sons e sabores. Por isso se denomina multissensorial, pela exaltação dos sentidos mas também pela memória e pelas narrativas biográficas que transporta, numa abordagem que implica a interação entre diferentes escalas de análise geográfica (Gaspar, 2011).

Retomando a temática das redes migratórias estruturadas numa lógica de diáspora, note-se que os lugares de chegada variam consoante a localização, a dimensão da comunidade de acolhimento e filiação étnica, a antiguidade dos fluxos e o maior ou menor grau de intensidade na relação entre esses vértices e o ponto de partida. Apesar dessa diversidade, nestes lugares de chegada produz-se espaço e molda-se uma paisagem de imigrantes e imigração.

Neste ponto de vista, os países com territorialidades e paisagens mais associadas à entrada de comunidades de múltiplas proveniências podem ser importantes laboratórios de análise e investigação geográfica. O Brasil, na imensidão do seu espaço geográfico e na sua diversidade interna, é um estimulante caso de estudo.

Neste país, a diversidade paisagística e cultural é agora um valor patrimonial, identitário e turístico que deve ser estudado, analisado e cartografado.

Como referem Luca e Santiago (2011, p.44), "Desde a década de oitenta, tem crescido o reconhecimento da diversidade cultural no Brasil. A característica étnica da sociedade brasileira atribuída à presença portuguesa, que juntamente ao negro e ao índio explicava a formação e as características históricas da nação não era mais suficiente. A partir do final do século XIX, imigrantes provenientes de várias nacionalidades vieram contribuir com o que hoje caracteriza o Brasil como um país formado por várias etnias. Na construção da identidade cultural, as correntes migratórias do fim do século XIX constituem parte do processo civilizatório nacional, sendo parte fundamental da cultura, da política e da economia".

Aqui, neste caso brasileiro, territorializaram-se sínteses e influências múltiplas, num processo em muito associado às correntes migratórias que foram, em diferentes tempos e com diferentes ritmos, moldando a sua geografia e criando alguns territórios de insularidade cultural com permeabilidade variável. Uma viagem, por exemplo, pelo Estado de Santa Catarina e por territórios como o Vale Europeu é, em certos pontos, um retorno a uma determinada Europa, aqui transplantada e vivida em contexto sul-americano.

Nesta região meridional do Brasil, a cidade de Blumenau é um caso de estudo paradigmático. De colonização italiana e alemã, é na herança e identidade germânica que a paisagem urbana mais se revela: na simbologia espacial e na arquitetura enxaimel, mas também em festividades como a *Oktoberfest*, momento de celebração de uma identidade que passa por desfiles, cores, sons, sabores, trajes e gestos mais ou menos ritualizados como a dança. Ainda que também ali se celebre a *Festitália*, momento de evocação e celebração da herança italiana, Blumenau é sobretudo a 'Pequena Alemanha' e a 'Capital da Cerveja', denominações que servem para estreitar laços com o ponto de partida, assumir uma certa centralidade de coesão social e cultural mas também para promoção turística, setor para o qual o Brasil vai despertando.

Nessa viagem por terras do Brasil, repare-se também na influência italiana testemunhada nos vinhedos da Serra Gaúcha ou na cidade de Rio Maior, do município de Urussanga, no Sul do Estado de Santa Catarina.

No primeiro caso, os imigrantes italianos deixaram um legado cultural e paisagístico que se nota nos vinhedos mas também nas devoções, nas capelas e no dialeto veneto (Silva, 2009). No segundo, como se refere em Luca e Santiago (2011), Rio Maior foi território de fixação de italianos no final do século XIX - os primeiros terão chegado em 1878, provenientes de uma comuna do norte da península itálica (Casso).

Num estudo comparativo das duas localidades, estes autores (Luca e Santiago, 2011) identificaram semelhanças e filiações. Em Casso e em Rio Maior, o perfil do lugar está marcado pela mesma igreja, a mesma arquitetura e devoção religiosa. Em ambos lá se encontra a torre do campanário separada do corpo principal do edifício sagrado, que celebra, nos dois casos, os mesmos santos padroeiros (São Gervásio e São Protásio).

No entanto, e citando ainda o trabalho de Luca e Santiago (2011), esta encenação da Europa em solo sul-americano não é uma mera transposição. Na própria estrutura de povoamento, estes autores encontraram semelhanças nos edifícios de economia rural mas também diferenças. Por exemplo, o solo disponível e o clima desta região brasileira abriram o povoado de Rio Maior e deram espaço entre as construções. Nesta localidade brasileira, os lugares e o edificado são mais expandidos e separados, enquanto no norte italiano tudo está mais próximo e aglomerado. Num olhar mais apurado ao pormenor da construção, Luca e Santiago (2011) não deixaram de notar a influência do contexto geográfico que, na Casso original, levou ao uso mais intensivo da pedra enquanto que, em Rio Maior, paisagem europeia encenada, se recorreu à madeira e ao barro disponíveis.

Essas encenações ocorrem também em contexto urbano e metropolitano. Esta mesma simbologia italiana encontramo-la em São Paulo, no Bairro do Bixiga. Território paulista de imigrantes calabreses que aqui se fixaram no final do século XIX, este é um ambiente sonoro de sotaque italianizado, lugar de celebração religiosa europeia e evocação de Nossa Senhora Achiropita. Porque o sagrado e o lúdico se confundem, este é também um lugar de *trattorias* e consumo de macarrão, mozarela e vinho. Uma vez que a metrópole é um ponto de encontro mas nem sempre um território de diluição das diferenças, a cidade foi incorporando e assumindo a sua geodiversidade interna. Esta paisagem multissensorial de origem europeia é agora um atrativo turístico da cidade.

Nesta São Paulo de expressão italiana, e sem nos alongarmos por muitos exemplos, também se reencontra o Japão que ficou para trás quando dali partiram comunidades que se foram fixando e, de certo modo, acantonando no Bairro da Liberdade. Outra atração turística da cidade, porventura umas das maiores comunidades da diáspora japonesa, datada de início do século XX, aqui se modela uma paisagem de estética, templos e jardins orientais, comércio, festivais de cultura nipónica e publicações períódicas bilingues.

Viajar pelo mundo é uma revisitação de lugares e iconografias espaciais, um movimento dentro do movimento, do viajante ou turista que se desloca, mas também da iconografia que ali está, porque ali se territorializou, por vezes com limites bem demarcados, como ocorre nas múltiplas *chinatowns* disseminadas pelo mundo, algumas com portas simbólicas de entrada. Assim é em Londres, como se ali começasse e acabasse um outro mundo.

No entanto, uma corrente migratória não é apenas um agente transportador, deslocando para os lugares de chegada os elementos constituintes da sua territorialidade e segurança ontológica no berço de origem e partida. Pelo contrário, esta mobilidade espacial e consequente territorialização de fatores identitários é uma dinâmica de mudança e pode ser um fator criativo de novos hibridismos, processo em muito responsável pela diversidade que persiste num mundo que, de forma apressada, é por vezes descrita como global e uniforme.

Recorra-se, como exemplo, a um dos elementos dessa paisagem pós-saueriana que aqui se tem considerado – os sons, as paisagens sonoras e, em especial, a música e sua expressão territorial. Como afirma Bohlman (2002), o património oral e narrativo, em geral, e o musical em particular, é um dos que se transportam com mais facilidade, mesmo em casos de migrações precárias, mobilidades espaciais onde as hipóteses de transporte de um artefacto material é mais difícil ou impossível. O autor fazia esta reflexão a propósito da denominada *middle passage*, movimento transatlântico que deslocou população de África para o continente americano em tempos de escravatura.

Com os escravos africanos viajam línguas, narrativas, crenças e expressões musicais. Este não foi um processo de simples transposição mas o início de uma dinâmica criativa que diversificou, por miscigenações complexas e cruzadas, as paisagens sonoras do Novo Mundo. Assim se tornou americana a música de África: no samba brasileiro, na música caribenha, no jazz e nos blues norte-americanos que, por sua vez, a partir de cidades como Rio de Janeiro, Kingston, Nova Orleães ou Nashville, se tornaram pólos difusores de expressões que já pouco tinham de locais mas que se globalizaram, com essa suposição de vínculo territorial e certificação de origem.

O mesmo Bohlman (2002) ilustra este fenómeno com outro exemplo: o da polca centro europeia, expressão musical e ritmos de corpos e danças exportados da Boémia, na época ainda parte do Império Austro-Húngaro. A migração centro--europeia para os EUA foi o canal de difusão e esteve na origem da denominada *polka belt*, território identitário de chegada desta expressão musical: uma mancha de contornos difusos em torno dos Grandes Lagos, entre a Pensilvânia e o Minnesota, passando pelo Wisconsin, pelo Illinois ou por Indiana. Daqui, sobretudo a partir de cidades como Detroit, Milwaukee, Buffalo, Cleveland e, em especial, Chicago (onde se instalou a *International Polka Association*), a polca dispersa-se, corre caminhos, alarga-se e vai conhecendo outras paisagens. Como um rio que acolhe afluentes ao longo do trajeto, também a polca vai sendo reinterpretada à medida que se multiplicam e diversificam as influências e as trocas. Assim se vão criando novidades, cada uma com as suas expressões geográficas, como a polca mexicana, a polca brasileira ou paraguaia ou mesmo a polca correntine (da cidade de Corrientes, na Argentina) (Bohlman, 2002; Fernandes, 2013).

As migrações marcam os lugares de chegada mas também os de passagem e os de partida. No que diz respeito a estes últimos, os lugares de origem dos fluxos migratórios reestruturam-se face à ausência de quem seguiu viagem nalguns casos perante retornos sazonais ou definitivos, quer dos próprios quer de algumas formas de capital, onde se integram as remessas enviadas para o centro e origem desta rede.

Esta relação de retorno tem também expressão nas paisagens culturais. O emigrante que sai pode transportar referências e arquétipos, mas aquele que regressa ao ponto de partida poderá também inscrever nos lugares de retorno elementos de afirmação identitária inspirados no exterior, no vértice da rede onde se fixou. Neste seu regresso, procura demonstrar sucesso e cosmopolitismo, acentuar a diferença em relação aos que não partiram e demonstrar poder. Assim se *tropicalizaram* muitas das paisagens portuguesas nas primeiras décadas do século XX (vejam-se exemplos no noroeste português, em especial no concelho de Fafe) e se *afrancesaram* outras após os anos (19)60 (percorram-se, para o efeito, aldeias de distritos como Leiria, Viseu ou Guarda). Sobretudo na arquitetura, foi o *brasileiro* de torna viagem, mas foi também o emigrante *suíço* ou *francês* quem contribuiu para uma certa destradicionalização da paisagem portuguesa, que assim, como ponto de partida e retorno, se tornou mais híbrida (Fernandes, 2012; Villanova, Leite e Raposo, 1995).

Enquanto país de emigração, também no caso português se territorializam valores identitários no estrangeiro, como ocorre, apenas um exemplo, com as celebrações do 10 de Junho - Dia de Portugal, de Camões e das Comunidades Portuguesas, em cidades como Newark, nos EUA. Este evento, com as celebrações e a *parade* que percorre a Ferry Street (conhecida, naquele dia, por Portugal Avenue), acaba por exteriorizar no espaço público uma expressão de identidade que, no resto do ano, quase sempre se expressa e encerra na mais discreta intimidade dos territórios privados das residências e das associações recreativas e culturais.

Dentre o vai e o vem, o leva e trás de volta, cada um destes fluxos merece análise cuidada: no modo como se movimentam e nos caminhos percorridos; nos atores que asseguram a deslocação; nas distâncias euclidianas mas também nas distâncias sociais e culturais que enfrentam; nas tensões e conflitos; nos diferentes modos de territorialização e construção de paisagem e na forma como, agora em muito através do turismo e da (re) descoberta positiva da diversidade geocultural, se assumem essas expressões inovadoras que, a pouco e pouco, se vão assimilando (e associando) ao local.

É neste sentido que a paisagem cultural se torna económica, política e um palco de relações de poder.

Paisagens culturais de diáspora – entre a economia, a política e as relações de poder. A desconstrução de uma certa ideia de 'área cultural'

Parte dessa discussão depende do modo como se faz a gestão dos limites e das fronteiras nas referidas ilhas culturais de natureza étnica. Recorrendo de novo à expressão de Rogério Haesbaert (2004), essa reterritorialização por via da paisagem cultural pode ocorrer num sentido ou noutro, abrindo portas ao contacto e a uma certa diluição das sempre dinâmicas identidades de grupo ou, pelo contrário, impermeabilizando, encerrando e levantando barreiras numa espécie de confinamento e enclausuramento. Neste segundo caso, seguindo a tese dos *weak ties* e dos *strong ties*, de Granovetter (1973), essa insularidade reforça os laços fortes de filiação, encerra-se nas lógicas de um poder hierarquizado que poderá levantar barreiras entre o *nós* e os *outros*, que tem como expressão a ordem mais conservadora de um certo congelamento disciplinar do tempo e do espaço.

Assim se entende a geografia de comunidades utópicas de grupos como os *amish*, os *menonitas* ou os *shakers*, no continente americano (sobretudo nos EUA), organizados por insularidades de fronteiras que, não impedindo os contactos, filtram muitas das influências exógenas. Nestas paisagens de comportamentos vigiados, representa-se uma certa Europa puritana e religiosa que já não existe no lugar de origem. Neste caso, a viagem entre o Velho Continente e a sua representação no Novo Mundo não é apenas o percorrer da extensão oceânica mas também um percurso pelo friso cronológico, uma viagem a um passado que está longe no tempo e distante sob o ponto de vista cultural (Kraybill e Olshan, 1994; Vogeler, 2010).

Mas nada disto é linear, nem pode ser entendido sem que se acrescentem outras variáveis. O turismo, já se referiu, tem-se apropriado e, já lá iremos, até incentivado muitas destas paisagens de inspiração étnica. No entanto, não se afaste a política desta expressão simbólica, não se negligencie o poder de afirmação que daqui deriva, como nos ensinou a materialização geográfica da cultura irlandesa em cidades como Nova Iorque e eventos como a *parade* de St. Patrick, ali celebrado. Mais que cultural e turística, esta paisagem de diáspora é política, no modo como, desde a costa leste dos EUA, se fez nacionalismo e se promoveu o Estado independente da República da Irlanda (Marston, 2002).

Regresse-se ao Brasil, a um outro estudo de caso, no Vale do Contestado, em Santa Catarina, e à cidade de Treze Tílias - o 'Tirol brasileiro', território de imigração austríaca mas também de outras presenças, como a de comunidades índias. Neste caso, nos finais do século XX, em tempos de crise do sistema económico agropecuário, é para o turismo que aponta a nova estratégia. Para isso há que criar atrativos, uma imagem forte e de diferença, uma narrativa agregadora, ainda que se incorra no risco do estereótipo e da simplificação, no risco da construção de uma imagem que recolha elementos identitários selecionados, que se escolhem subtraindo outros. Trata-se de um jogo de manipulação que faz do habitante de Treze Tílias, qualquer um, tenha vínculos àquela região europeia ou não, o representante de uma identidade alpina e tirolesa transplantada e reinventada na consciência coletiva deste lugar da América do Sul (Buitoni, 2011).

Esta encenação e difusão de elementos simbólicos, eventos e celebrações, pode ser apenas a resposta a interesses pragmáticos e funcionais, em muitos casos distantes de qualquer motivação identitária. No atual contexto de hipermobilidade do capital e das ideias, muitas das celebrações fazem-se para estimular consumos, alargar mercados e criar tribos de devotos a um produto ou estilo de vida (Lipovetsky, 2011).

No Brasil muitas são as festividades que, de algum modo, se associam à *Oktoberfest* de Blumenau, como em Itapiranga (em Santa Catarina) ou Cerro Largo, Porto Alegre e Igrejinha (no Rio Grande do Sul), ou ainda várias outras no Paraná (como em Rolândia ou em Ponta Grossa). A norte, no Ceará, é possível identificar um evento em Guaramiranga. Em São Paulo, são muitas as celebrações vinculadas ao espírito desta *Oktoberfest*.

Para além da ampla difusão dentro de território alemão, enquanto conceito, este evento tem uma projeção global identificada em países como os EUA, a Argentina, a China, a Itália ou o Uganda. A celebração original e o ponto de difusão, terá sido Munique. No entanto, há que acautelar conclusões precipitadas e desconfiar da associação desta rede de eventos à dinâmica espacial das diásporas.

É verdade que a geografia em movimento de uma celebração inspirada na cultura germânica da cerveja e da música, como se viu no caso brasileiro, está em parte ligada a um fenómeno de evocação da memória imigrante e encenação do lugar de partida. No entanto, uma análise mais fina sobre esta rede global de eventos, mostra uma realidade diversificada e difusa. Em muitos casos, mais que uma festa da imigração, tratam-se de eventos comerciais que promovem hábitos de consumo e espaços como hotéis ou clubes privados.

Ultrapassando as fronteiras da diáspora alemã, a geografia da *Oktoberfest* acompanha o alargamento territorial do mercado da cerveja. Em muitos casos, estas festividades beneficiam do patrocínio de empresas e marcas comerciais, o que faz destas um importante agente de difusão geográfica no atual contexto de capitalismo flexível e na ordem imposta por uma diplomacia comercial, muito ativa nos países mais competitivos, como é o caso da Alemanha.

Numa reflexão mais ampla, todos estes movimentos, por motivações econó-micas, políticas ou identitárias, desconstroem a imagem de um mundo linear ordenado, por regiões culturais homogéneas e estáticas.

O papel das diásporas mas também o de outros atores de difusão espacial, colocam em causa o conceito de área cultural demarcada do exterior e carate-rizada pela uniformidade interna. Mesmo nos casos mais radicais, e foram já referidas as comunidades utópicas territorializadas no continente americano, é difícil o estancamento total e o controlo absoluto de fluxos, num mundo caraterizado sobretudo pela desregulação.

Sigam-se, sobre o conceito de área cultural, as palavras de Gregory, Johnston, Pratt, Watts e Whatmore, (2009, pp.138): "A geographical region overwhich homogeneity in measurable cultural traits may be identified. Contiguous zones identified within a culture area core, over which the culture in question has exclusive or quasi-exclusive influence; domain, over which the identifying traits are dominant but not exclusive, and realm, over which the traits are visible but subordinate to those of other culture groups (…) Today, the concept is little used in geography, as culture is identified more closely with process, connection and network than with the areal boundedness of mappable cultural markers".

Estes autores sugerem que, mais que uma realidade cartografável pelos métodos convencionais e pela lógica areal, estes territórios culturais estão animados por dinâmicas e processos nem sempre de fácil delimitação geográfica.

As diásporas comprovam que o movimento e a difusão espacial constituem os motores desta geografia humana e das paisagens que, num processo contínuo, se vão construíndo. Como se referiu, as redes migratórias fazem parte de um conjunto flexível de atores que, a várias escalas e com múltiplas territorialidades, cada um à sua maneira, vão deslocando, criando formas híbridas e territorializando elementos de diferente natureza. As empresas multinacionais, as indústrias criativas e culturais, os fluxos de turistas, empresários ou estudantes, cada um merece uma análise detalhada na forma como tem contribuido para um mundo geográfico mais fluído e, porventura, menos aberto a leituras lineares e a cartografias estáticas.

No entanto, não se devem fazer cortes paradigmáticos simplistas, como se o hoje fosse diferente do ontem. Na verdade, não só as visões mais esquemáticas e planas não desapareceram, como têm também influenciado ações e políticas.

Veja-se, a este propósito, a tese do Choque das Civilizações, de Samuel Huntington (1993 e 1999).

As paisagens culturais: entre o "choque das civilizações" e as oportunidades de desenvolvimento

Em "The clash of civilizations?", publicado em 1993 na *Foreign Affairs*, Huntington defende que, às fraturas ideológicas da Guerra Fria, se sucedeu um mundo de clivagens culturais. Esta tese terá um duplo objetivo: por um lado, a discussão académica e, por outro, a criação de uma base científica que tenha influência direta nas políticas estratégicas, sobretudo dos EUA.

Para Huntington, o conflito civilizacional seria o paradigma dominante no mundo mais imprevisível que emergiu após a queda do Muro de Berlim (Huntington, 1993 e 1999). Num sistema multicêntrico e numa sociedade internacional anárquica e propícia ao conflito, as descontinuidades e as fronteiras culturais seriam os principais fatores de perturbação (Fernandes, 2011).

Tese pessimista, o reconhecimento da existência de múltiplas civilizações em choque revela os receios do mundo ocidental face à forma como as ameaças externas poderão perturbar o futuro, desequilibrar as relações de poder e deslocar os centros de decisão para o exterior desse bloco ocidental.

Como refere Huntington (1993, p.23), "During the Cold War, the world was divided into the First, Second and Third Worlds. Those divisions are no longer relevant. It is far more meaningful now to group countries not in terms of their political or economic systems or in terms of their level of economic development but rather in terms of their culture and civilization".

Com dúvidas em relação a todas as tendências globalizantes, dos direitos humanos universais a um hipotético governo mundial; descrente na possibilidade de se caminhar para uma sociedade única e de cultura uniformizada promovida pelo aumento das trocas comerciais, pelos padrões de consumo, pelo desenvolvimento dos meios de comunicação e pela imposição ampla da língua inglesa, Huntington retoma a ideia de uma tensão civilizacional já anunciada por Bernard Lewis em 1990 que, em "The Roots of Muslim Rage", destaca o previsível choque entre Islão e Ocidente.

Com efeito, o autor refere-se à potencial tensão com a China mas, na sequência da Guerra do Golfo (de 1990), Huntington vaticinou elevados níveis de tensão e conflitualidade sobretudo na linha de separação entre Ocidente e Islamismo.

Para Huntington (1993 e 1999), neste mundo mais estreito e conetado, é possível que as elites se aproximem entre si mas esse não será um fator de aplanamento das diferenças nem de encurtamento das distâncias culturais. Nesta perspetiva, a cultura é o elo que agrega o interior de cada área civilizacional, mas é também um fator de fragmentação do mundo, separando cada uma dessas unidades.

Ainda seguindo Huntington (1999, p.47), "A civilização é (...) o mais elevado agrupamento cultural de pessoas e o nível mais amplo de identidade cultural que as pessoas possuem e que as distingue das outras espécies. Ela define-se quer por elementos objectivos comuns, como a língua, a história, a religião, costumes e instituições, quer pela auto-identificação subjectiva das pessoas". Neste ponto de vista, e não olhando agora para o que une mas para o que separa, Huntington sugere que a fratura entre as civilizações passa por clivagens em termos de filosofia, valores e modos de vida subjacentes.

A consideração que estas heterogeneidades influenciam as políticas dos Estados, leva o autor a afirmar que "(...) as maiores diferenças no desenvolvimento político e económico entre as civilizações têm, claramente, raízes nas suas diferentes culturas" (Huntington, 1999, p.30).

Samuel Huntington parte de uma conceção braudeliana de civilização (Braudel, 1989), que se opõe à perspetiva iluminista francesa que utiliza esta palavra no singular, para considerar *a* civilização enquanto conceito que carateriza a condição de 'civilizado', por oposição ao mundo bárbaro envolvente. Para Fernand Braudel (1989), na sociedade mundial não existe *uma* mas existem sim, no plural, *várias civilizações* (Fernandes, 2011).

Seguindo esta conceção, para além da ocidental, Huntington (1999) identifica as áreas civilizacionais latino-americana, africana, islâmica e sínica, tal como a hindú, a ortodoxa, a budista e a japonesa.

Nesta ordem política pós-queda do Muro de Berlim, o ocidente estaria em desvantagem perante a sua anemia demográfica, tendo em conta as taxas de crescimento populacional verificadas no outro lado da fronteira, sobretudo no mosaico cultural islâmico.

Para Samuel Huntington, que marcou a política externa da administração norte-americana no final do século XX, as áreas culturais estarão definidas por limites de fácil representação cartográfica.

Neste contexto de determinismo cultural, e retomando a temática das diásporas, qualquer movimento entre dois desses blocos culturais pode ser interpretado como uma ameaça. Assim se regressa à desconfiança que as redes podem suscitar. As mobilidades espaciais, e a *ethnoscape* de Appadurai (2004), serão entendidos como fatores de perturbação e ameaça.

Sobretudo após os ataques a Nova Iorque em 2001, e sem que se queira confundir a mobilidade de migrantes com a deslocação de terroristas, o sistema global tornou-se menos fluído e mais fechado, com um maior investimento em sistemas disciplinares de controlo e vigilância, nos aeroportos, por exemplo, mas também nos espaços públicos (e privados) do quotidiano. Este novo contexto levou à construção e levantamento de barreiras físicas e muros que separam territórios nos quais um deles desconfia do outro (os EUA do México; Israel da Palestina, do Líbano e do Egipto; a Índia do Bangladesh e de Burma, apenas para citar alguns exemplos). Uma das partes, aquela que controla a barreira, entende que por detrás do muro de cimento ou de arame farpado eletrificado está um Estado fraco e uma população ingovernável (Jones, 2012), que é preciso confinar e conter (Haesbaert, 2010).

Como refere Reece Jones (2012, p.1), ainda a respeito dos EUA, da Índia e de Israel, "In the first decade of the new millennium, despite predictions of the creation of an increasingly borderless world, the countries often described as the oldest democracy in the world, the largest democracy in the world, and the most stable democracy in the Middle East built a combined total of 5700 kilometers of security barriers on their political borders".

Esta realidade é demonstrativa de uma das principais contradições contemporâneas: a porosidade seletiva das fronteiras. Estas apresentam um grau de permeabilidade diferenciado consoante se tratam de fluxos de pessoas (que vivem mobilidades com um maior efeito de atrito); ou fluxos de outra natureza, como os financeiros, com maior capacidade de movimento e atravessamento de barreiras.

E assim se confirma um mundo complexo e contraditório que nem sempre se adaptará às redes e às populações em movimento. Numa visão mais esquemática e determinista, a circulação pode ser uma ameaça, um atentado à ordem e à segurança e confiança no futuro.

Contudo, e estamos no mesmo mundo, são também verdadeiros os sinais de sentido contrário, aqueles que vêm nas diásporas, e na diversidade paisagística que promovem, um capital para o futuro, um futuro seguramente de maior abertura e diálogo.

Nesse sentido, a paisagem da diáspora tem sido reconhecido como património, no ponto de partida mas também nos lugares de chegada. Nestes últimos, a imigração será um fator de criatividade e enriquecimento de um local mais diversificado e inclusivo. Assim o demonstra, por exemplo, Jorge Malheiros

(2008) a propósito do papel da comunidade indiana na modelação da paisagem urbana de Lisboa e numa certa internacionalização da cidade e do país, sobretudo através dos fluxos estimulados pelas iniciativas empresariais destes imigrantes.

Segundo conceções difusionistas, as culturas locais seriam obstáculos e rugosidades do espaço que importaria uniformizar. Contudo, as mudanças no ambiente político e científico, os estudos culturais na segunda metade do século XX; as correntes de emancipação pós-colonial; as críticas ao esquematismo neopositivista da Escola de Chicago ou algumas evidências empírica dos problemas e das desigualdades que o modelo difusionista não havia atenuado, reafetaram o debate e recuperaram o valor do território e da cultura territorial nas políticas do desenvolvimento e do bem-estar (Cabrero, 2006).

Nesta perspetiva, o espaço geográfico não é um mero cenário de territorialização de políticas exógenas uniformizadoras. As trajetórias dos lugares e das comunidades humanas estão vinculadas às especificidades locais, às competências e realidades particulares de cada localização. Estas teses territorialistas promovem os modelos ascendentes e participados e, com estes, a cultura e as paisagens culturais são agora uma mais-valia, um fator de discriminação positiva que promove e garante a geodiversidade.

Este é um princípio adotado por instâncias internacionais como a Organização das Nações Unidas (ONU) e a UNESCO que, por exemplo, em 1972, aprovou a *Convenção sobre a Proteção do Património Cultural e Natural*. Em 2004, o Relatório de Desenvolvimento Humano, publicado pelo PNUD, refere-se à liberdade cultural como condição para um desenvolvimento humano mais amplo e completo.

Esta referência traduz a iniciativa da ONU em declarar, no final do século XX, a necessária associação da cultura ao desenvolvimento. Em 1992, no contexto das Nações Unidas, foi criada a Comissão Mundial de Cultura e Desenvolvimento. Em 1996, esta apresentou o relatório *A Nossa Diversidade Criativa*, que considerou como incompleto e sem alma qualquer forma de progresso à margem da cultura. Estes postulados acabam por confirmar a ideia de direitos culturais consagrados no artigo 27º da *Declaração Universal dos Direitos Humanos* e no artigo 15º do *Pacto Internacional dos Direitos Económicos, Sociais e Culturais* (Cabrero, 2006). Já em 2001, na 31ª sessão da Conferência Geral da Organização das Nações Unidas para a Educação, Ciência e Cultura (UNESCO), é aprovada a *Declaração Universal sobre a Diversidade Cultural* onde se pode ler, no seu artigo 1º (intitulado "Diversidade cultural: um património comum da Humanidade"), que a "(...) cultura assume diversas formas ao longo do tempo e do espaço. Esta diversidade está inscrita no carácter único e na pluralidade das identidades dos grupos e das sociedades que formam a Humanidade. Enquanto fonte de intercâmbios, inovação e criatividade, a diversidade cultural é tão necessária para a Humanidade como a biodiversidade o é para a natureza. Neste sentido, constitui o património comum da Humanidade e deve ser reconhecida e afirmada em benefício das gerações presentes e futuras".

Esta perspetiva tem condicionado as abordagens mais ascendentes e participativas do desenvolvimento das populações e dos lugares, como o *The Sustainable Livelihoods Approach*, do Department for International Development (DFID), do Reino Unido (Ashley e Carney, 1999). Neste sistema de práticas, parte-se, em cada lugar, dos denominados *capital assets*, os valores económicos, sociais ou culturais que criam um ambiente socio-cultural irrepetível (Lisocka-Jaegermann, 2011).

Deste modo, o património em movimento através das redes migratórias será um fator de criação de ambientes inovadores. É certo que se encenam os pontos de partida. No entanto, a territorialização dessas diásporas pode contribuir para a produção de espaços geográficos diferentes, únicos e não deslocalizáveis.

São estes os princípios que, de modo ascendente, orientarão as estratégias de afirmação e promoverão o *empowerment* comunitário, pensando cada espaço geográfico a partir de um local com uma identidade que é preciso conhecer bem, um local que, apesar de único, se deve articular com outros lugares e com outras escalas geográficas e não fechar-se sobre si próprio (Friedmann, 1997).

Notas finais

Vive-se um mundo contraditório em muito dependente e moldado pelo movimento, pela deslocação, pelas trocas, pela encruzilhada de pertenças e pelos hibridismos daí resultantes. Nesta contemporaneidade de fluxos, movimentam-se pessoas mas também múltiplas formas de capital, do financeiro ao social e deste ao político e ao cultural. Nesse sentido, não nos causa estranheza a atualidade do conceito de rede, palavra muito repetida e usada, alvo de conotações e perceções muito variadas e heterogéneas, por vezes incoerentes.

Por um lado, as redes causam algum desconforto, são geradoras de medo e desconfiança porque se associam ao que está para além dos sistemas tradicionais de controlo, vigilância e regulação. Seguindo esta perspetiva, as redes ameaçam porque dissimulam e fazem movimentar organizações com agendas próprias e, desconfia-se, com interesses obscuros e criminosos.

Noutra perspetiva, as redes são percebidas como oportunidades, canais de troca criativa, como possibilidade de alargamento de territorialidades que estavam antes mais confinadas. Estas são as redes que potenciam mais-valias e acrescentarão plasticidade, flexibilidade e resiliência, aos lugares mas também aos atores individuais ou coletivos.

A associação das redes às mobilidades espaciais e às migrações é uma evidência. De certo modo, as diásporas reunem estas duas perspetivas contraditórias. Enquanto atores que deslocam e territorializam elementos de paisagem, as diásporas são hoje assumidas como uma mais-valia nas geografias de chegada. Recriando lugares de partida, mas abrindo também esses patrimónios à troca, aos hibridismos e à criação de novos valores, as diásporas e os territórios de imigração constituem atrativos turísticos, como se anotou com alguns exemplos do continente americano.

Para além da dimensão política e ideológica, trata-se também da mercantilização das identidades étnicas, associada a marcas comerciais e empresas que pretendem alargar a sua influência, como se discutiu a propósito da *Oktoberfest*.

No entanto, nem sempre é fácil traçar uma linha se separação entre, por um lado, as diásporas e respetivas filiações identitárias e políticas; e, por outro, o universo das empresas e dos negócios. As redes migratórias são hoje consideradas como bases estratégicas de uma diplomacia económica que traga

oportunidades, vantagens e mais-valias para os migrantes e para os lugares-
-centro dessas diásporas (Neves e Rocha-Trindade, 2008).

Estamos perante a lógica do movimento que ocorre em ritmos dife-
renciados e em escalas geográficas diversas e se confronta com a ordem do
enraizamento e da lentidão.

É por isso que, em 2000, Thomas L. Friedman recorreu à metáfora do *Lexus*
e da *Oliveira,* o primeiro mostrando o célere e instável, o segundo apontando
para o estacionário e previsível.

Ainda assim, não terminaram as visões mais estáticas, aquelas que apontam
para áreas culturais homogéneas e delimitadas. Com ressonância política, Samuel
Huntington mostra-nos um mundo em colisão, um choque de civilizações,
uma nova ordem na qual a cultura separa e coloca em confronto áreas como o
ocidente e a região islâmica.

Nesta corrente, e regressamos às diásporas, a mobilidade espacial da população é considerada uma ameaça, um veículo dessa guerra civilizacional, um
canal de intromissão de uma região sobre a outra. Por isso, depois da queda
do muro de Berlim e dos ataques de 2001 em Nova Iorque, se levantaram
barreiras e paliçadas, se multiplicaram as tecnologias de controlo num mundo
talvez agora mais fragmentado.

Uma globalização uniformizadora, um planeta mais unido, pequeno e plano,
sem os efeitos de atrito das distâncias e da localização – assim se anunciou
uma nova vivência utópica e irrealista (Friedman, 2005). Contudo, a realidade
é mais complexa e heterogénea. O mundo é mais geográfico, diversificado e
sistémico. Neste ponto de vista, é impossível separar as paisagens culturais
da relação que estas apresentam com a economia, a ideologia e a política.

Como, respetivamente, referem Nye (2014) e Arndt (2005), este é um mundo
de *soft powers* e de *cultural diplomacies*, uma (des) ordem na qual a paisagem
cultural é um palco e um instrumento nas relações de poder e dois conceitos
('poder suave' e 'diplomacia cultural', numa tradução livre) que a Geografia deve
refletir e analisar, até porque é também a este nível que a sociedade global se
apresenta assimétrica, fraturada e desequilibrada em termos de imagem, poder
económico e poder político.

Bibliografia

Appadurai, A. (2004). *Dimensões culturais da globalização.* Lisboa: Teorema.

Arndt, R. T. (2005). *The first resort of kings. American cultural diplomacy in the twentieth century.* Washington: Potomac Books.

Ashley, C. & Carney, D. (1999). *Sustainable Livelihoods: Lessons from early experiences.* London: DFID.

Azevedo, A. F. (2008). *A ideia de paisagem.* Porto: Figueirinhas.

Bohlman, P. (2002). *World Music. A very short introduction. Oxford:* Oxford University Press.

Bonnemaison, J. (2004). *La géographie culturelle.* Paris: Editions du CTHS.

Brah, A. (1996). *Cartographies of diaspora. Contesting identities.* London: Routledge.

Braudel, F. (1989). *Gramática das civilizações.* Lisboa: Teorema.

Bruneau, M. (2010). Diasporas, transnational spaces and communities. In: Bauböck, R. & Faist, T. (ed.), *Diaspora and Transnationalism. Concepts, Theories and Methods* (35-49). Amsterdam: Amsterdam University Press.

Buitoni, M. (2011). O imaginário tirolês na Região do Contestado (SC). In: Costa, E. & Oliveira, R. (ed.), *As cidades entre o 'real' e o imaginário: estudos no Brasil* (225-248). São Paulo: Editora Expressão Popular.

Cabrero, F. (2006). *El Tercer Mundo no existe. Diversidad cultural y desarrollo.* Barcelona: Intermón Oxfam Ediciones.

Castells, M. (2010). *The Rise of the Network Society,* vol. 1, Oxford, Willey-Blackwell.

Cloke, P.; Crang, P. & Goodwin, M. (Edit.) (1999). *Introducing Human Geographies.* London: Arnold.

Fernandes, J. L. J. (2012). Dynamics of cultural landscapes, identities and diffusion processes. In Marques, L.; Biscaia, M. & Bastos, G. (ed.), *Intercultural crossings: Conflict, memory and identity* (23.35). Bruxells: Peter Lang.

Fernandes, J. L. J. (2013). Soundscapes and territory: world music in territorial marketing. *GeoJournal of Tourism and Geosites,* Year VI, 1(10), 34-41.

Fernandes, J. P. T. (2011). *Teorias das Relações Internacionais.* Coimbra: Almedina.

Friedmann, J. (1997). *Empowerment. Uma política de desenvolvimento alternativo.* Oeiras: Celta Editora.

Friedman, T. L. (2000). *Compreender a globalização. O Lexus e a oliveira.* Lisboa: Quetzal Editores.

Friedman, T. L. (2005). *O mundo é plano. Uma História breve do século XXI.* Lisboa: Actual Editora.

Gaspar, J. (2001). Retorno da paisagem à Geografia. Apontamentos místicos. *Finisterra,* 72, 83-99.

Giddens, A. (1992). *The consequences of modernity.* Cambridge: Polity Press.

Gilroy, P. (2000). *Between camps: nations, cultures and the allure of race.* London: Penguin.

Glenny, M. (2008). *McMáfia: o crime organizado sem fronteiras.* Porto: Civilização Editora.

Gottmann, J. (1947). De la méthode d'analyse en geógraphie humaine. *Bulletin de la Societé de Géographie,* 301, 1-12.

Granovetter, M. (1973). The strength of weak ties. *American Journal of Sociology,* 78 (6), 1930-1938.

Gregory, D.; Johnston, R.; Pratt, G.; Watts, M. J. & Whatmore, S. (2009). *Dictionary of Human Geography*. Chichester: John Wiley & Sons.

Haesbaert, R. (2002). A multiterritorialidade do mundo e o exemplo da Al Qaeda. *Terra Livre*, 7, 37-46.

Haesbaert, R. (2004). *O mito da desterritorialização*. Rio de Janeiro: Bertrand Brasil.

Haesbaert, R. (2010). Territórios, in-segurança e risco em tempos de contenção territorial. In Neto, H.; Ferreira, A; Vainer, C. & Santos M. (ed.), *A experiência migrante: entre deslocamentos e reconstruções* (537-557). Rio de Janeiro: Garamond.

Hammer, J. (2005). *Palestinians born in exile. Diaspora and the search for a homeland*. Austin: University of Texas Press.

Hemmasi, M. & Downes, M. (2013). Cultural distance and expatriate adjustment revisited. *Journal of Global Mobility: The Home of Expatriate Management Research*, 1(1), 72-91.

Huntington, S. P. (1993). The Clash of Civilizations?. *Foreign Affairs*, Summer edition, 22-49.

Huntington, S. P. (1999). *O Choque das civilizações e a mudança na ordem mundial.*, Lisboa: Gradiva.

Ingold, T. (2000). *The perception of the environment*. London: Routledge.

Jones, R. (2012). *Border walls. Security and war on terror in the United States, India and Israel*. London: Zed Books.

Kraybill, D. B. & Olshan, M. A. (1994). *The amish struggle with modernity*. London: University Press of New England.

Lewis, B. (1990). The roots of the muslim rage. *The Atlantic Monthly*, September, 266(3), 47-60.

Lipovetsky, G. (2011). *Os tempos hipermodernos*. Lisboa: Edições 70.

Lisocka-Jaegermann, B. (2011). El turismo comunitario en el contexto del desarrollo local. Experiencias latinoamericanas. In Contreras Loera, M. & Zulawska, U. (ed.), *Cooperativismo y desarrollo local. Los Mochis* (67-85). Varsóvia: Universidad de Occidente y Universidad de Varsovia.

Luca, V. & Santiago, A. (2011). A paisagem cultural em sítios históricos rurais de imigração italiana. *Revista Labor & Engenho*, v.5,1, 43-61.

Maalouf, A (1999). *Identidades assassinas*. Lisboa: Difel.

Maalouf, A. (2004). *Origens*. Lisboa: Difel.

Mácha, P. (2013). Resistance throught tourism: Identity, imagery, and tourism marketing in New México. In Sarmento, J. & Henriques, E. B. (ed.), *Tourism in the global south: landscapes, identities and development* (91-112). Lisbon: Centre for Geographical Studies.

Malheiros, J. (2000). Circulação migratória e estratégias de inserção local das comunidades católica goesa e ismaelita Uma interpretação a partir de Lisboa. *Lusotopie*, 377-398.

Malheiros, J. (2008). Comunidades de origem indiana na Área Metropolitana de Lisboa – iniciativas empresariais e estratégias sociais criativas na cidade. *Revista Emigrante*, nº especial- Empreendedorismo Imigrante, 139-164.

Marston, S. A. (2002). Making difference: conflict over Irish identity in the New York City St. Patrick's Day parade. *Political Geography*, 21, 373–392.

Neves, M. S. & Rocha-Trindade, M. B. (2008). As diásporas e a globalização – a comunidade de negócios chinesa em Portugal e a integração da China na economia global. *Revista Emigrante*, nº especial- Empreendedorismo Imigrante, 165-190.

Nye, J. S. (2014). *O futuro do poder*. Lisboa: Temas e Debates/Círculo de Leitores.

OOnk, G. (ed.) (2007). *Global indian diaspora. Exploring trajectories of migration and theory*. Amsterdam: Amsterdam University Press.

Saquet, M. A. (2011). *Por uma Geografia das territorialidades e das temporalidades: uma concepção multidimensional voltada para a cooperação e para o desenvolvimento territorial*. São Paulo: Outras Expressões.

Scott, A. J. & Garofoli, G. (2007). *Development on the ground. Clusters, networks and regions in emerging economies*. London: Routledge.

Shelley, L. (2010). *Human trafficking. A global perspective*. Cambridge: Cambridge University Press.

Silva, L. (2009). De celeiro a cenário: vitivinicultura e turismo na Serra Gaúcha. *GEOUSP - Espaço e Tempo*, Edição Especial, 107-125.

Silvey, R. (2013). Political moves: Cultural Geographies of migration and difference. In Johnson, N. C.; Schein, R. H. & Winders, J. (ed.), *The Wiley-Blackwell Companion to Cultural Geography* (409-422). New York: John Wiley & Sons.

Thrift, N. (2007). *Non-representation theory. Space, politics, affect*. London: Routledge.

Tuan, Y.-F. (1980). *Topofilia*. São Paulo: Difel.

Velez de Castro, F. (2014). *Imigração e desenvolvimento em regiões de baixas densidades*. Coimbra: Imprensa da Universidade de Coimbra.

Vertovec, S. (1997). Three meanings of 'diaspora,' exemplified among south asian religions. *Diaspora*, 6 (3), 277-299.

Villanova, R.; Leite, C. & Raposo, I. (1995). *Casas de sonhos*. Lisboa: Edições Salamandra, Lisboa.

Vogeler, I. (2010). *Critical cultural landscapes of North America*. In: http://people.uwec.edu/ivogeler/CCL-bookchapters-pdf/index.htm (acedido a 20/2/2015)

ARGENTINA, 2001-2010: TENDENCIAS RECIENTES DE LA MIGRACIÓN INTERNACIONAL E INFLUENCIA DE LAS REDES MIGRATORIAS SOBRE LOS PATRONES DE ASENTAMIENTO DE LOS MIGRANTES

ARGENTINA, 2001-2010: INTERNATIONAL MIGRATION TRENDS AND INFLUENCE OF THE MIGRATORY NETWORKS ON THE SETTLEMENT PATTERNS OF IMMIGRANTS

Javiera Fanta Garrido
Doctorado en Demografía, Universidad Nacional de Córdoba
Instituto de Políticas de Migraciones Internacionales y Asilo (IPMA)-CONICET
javierafanta@conicet.gov.ar

Resumen:

Desde la segunda mitad del siglo 20, Argentina hay vivenciado la regionalización de sus flujos migratorios, una creciente participación de mujeres en la movilidad humana y cambios en la transitoriedad y destino de la inmigración. Estas tendencias ocurren en un contexto donde el capitalismo global – lo cual define los factores de atracción/repulsa para la migración – interacciona con el sistema de red entre el lugar de origen y de destino La dimensión transnacional de esas redes afecta el comportamiento de las tendencias migratorias y la dirección y transitoriedad de las dislocaciones de

DOI: http://dx.doi.org/10.14195/978-989-26-1197-6_2

populación. El objetivo de esta pesquisa es estudiar desempeño de los padrones de inmigración y fijación de población extranjera en Argentina durante la primera década del siglo 21, de acuerdo con algunos de los principales sistemas migratorios desarrollados en la década anterior. En particular, flujos de los países vecinos Bolivia, Perú y Paraguay son estudiados debido al volumen de su stock. Datos sobre tendencias de migración fueran obtenidos de los Censos de Población Argentina y de la base de datos de la Oficina Nacional de Migración sobre visas de residencia emitidos entre y 2004 y 2011. Ha sido analizada literatura sobre la construcción de redes de migración y la Encuesta Suplementario Internacional de Migración (2003). Los resultados demuestran una profundización del perfil de inmigración registrado en la década de 1990 y que los padrones de fijación que prevalecen en la población extranjera entre 2001 y 2010 es la residencia urbana de larga duración, también influenciado por la creación de ciertas redes de migración.

Palabras-llave: transnacionalidad, redes de migración, padrones de fijación, transitoriedad, migración de frontera.

Abstract

From the second half of the 20th century, Argentina has experienced the regionalization of its migratory flows, an increasing participation of women in human mobility and changes over the temporariness and destination of the immigration. These trends occur within a context where global capitalism—which sets the pull/push factors for migration—interacts with a network system between the place of origin and destination. The transnational dimension of these networks affects the behavior of migratory tendencies and the direction and temporariness of population displacements. The objective of this research is to study the performance of immigration and settlement patterns of foreign population in Argentina during the first decade of the 21st century, in accordance to some of the main migration networks developed in the previous decade. In particular, flows from neighboring countries of Bolivia, Peru and Paraguay are studied due to the volume of their stock. Data on migration trends were obtained from the Argentinean Population Census of 2001 and 2010, and from the National Migration Office database on residence permits issued between 2004 and 2011. Literature on the construction of migration networks and the Supplementary Survey of International Migration (2003) were analyzed. Results show a deepening of the migration profile registered in the decade of 1990 and that the settlement pattern that prevails within the foreign population between 2001 and 2010 is the urban-long term residence, also influenced by the creation of certain migration networks.

Keywords: Transnationalism, migration networks, settlement patterns, temporariness, border migration

Introducción

Uno de los principales aspectos que posee la migración internacional de comienzos del siglo XXI, es su carácter globalizado. Esto conlleva, por una parte, a que los resultados de la movilidad humana sean percibidos en un gran número de países, ya sea porque los territorios constituyen zonas de expulsión o bien focos de tránsito o atracción de migrantes; y por otro lado, implica que los desplazamientos humanos son susceptibles de generar efectos a diferentes niveles de escala y en distintos ámbitos, en función de los vínculos transnacionales que se construyen a partir de ellos –por ejemplo, en el mercado de trabajo, la estructura de los hogares, la política migratoria o la distribución geográfica de la población en los países de origen y destino–.

En el caso de Argentina, el fenómeno migratorio internacional se registra desde hace más de un siglo y ha estado fundamentalmente vinculado al ingreso, tránsito y asentamiento (temporario y permanente) de población extranjera dentro del territorio nacional. Su desarrollo forma parte del proceso constitutivo de la República y ha conducido, hasta la actualidad, a profundas transformaciones demográficas, sociales y políticas (Texidó, 2008; Cerrutti, 2009; Benencia, 2012). Al igual que en otros países de la región de América Latina, durante la segunda mitad del siglo XIX y hasta mediados del siglo XX el país recibió importantes flujos de migración europea en el marco de políticas gubernamentales dirigidas al poblamiento del territorio y al fortalecimiento de la industria y la economía. Estos flujos se destacaron por su carácter unidireccional, permanente y masculinizado, es decir, la migración era un proceso encabezado en su mayoría por hombres ubicados en edades económicamente activas, quienes se dirigían desde países del continente europeo hacia zonas urbanas del país con baja densidad demográfica, a fin de establecerse allí de manera definitiva.

El siglo XXI, en cambio, se inicia con un escenario migratorio marcadamente distinto al del anterior, ya que prevalecen patrones de desplazamiento multidireccionales, diversificados y con una participación creciente de población femenina y extranjeros de origen limítrofe. Si bien la migración de países fronterizos es un fenómeno que antecede al establecimiento de las fronteras geopolíticas en la región Sur de América Latina, su visibilidad como grupo migratorio en Argentina se hizo notar recién a partir de la segunda mitad del siglo XX, tras producirse un estancamiento de los flujos transoceánicos y, por consiguiente, una mayor presencia relativa de la migración fronteriza y regional (Pellegrino, 2003). Un aspecto novedoso de estos movimientos es el hecho de que su proceso de llegada y asentamiento en el país, así como también su expresión en las tendencias demográficas, están íntimamente vinculados a la existencia de nexos familiares, sociales e institucionales entre el país emisor y el receptor, sobre todo a nivel informal. Estos vínculos poseen un carácter *reticular* que se manifiesta en la interacción entre los diferentes agentes y organismos que participan del proceso migratorio. Debido a que los flujos migratorios actuales tienen una finalidad eminentemente laboral, las redes que se construyen generalmente se hacen alrededor de esta dimensión.

Entre 2001 y 2010 –años que coinciden con los dos últimos censos nacionales de población–, los extranjeros representaron aproximadamente el 5% de la población nacional; su stock está compuesto principalmente por personas nacidas en Paraguay, Bolivia y Perú, y predomina la participación de mujeres por sobre la de los hombres. Adicionalmente, los desplazamientos de población recientes se manifiestan en distintos tipos de movilidad, entre los que destacan la migración temporaria, circular, de alta y baja calificación, los refugiados y las víctimas de trata y tráfico. Por otro lado, los patrones de asentamiento de los extranjeros residentes en Argentina ya no tienden a la ocupación de territorios con baja densidad demográfica; por el contrario, los migrantes han optado por habitar en las grandes urbes, dado el mayor nivel de industrialización y las condiciones que ofrecen para la inserción laboral. Este modelo de asentamiento se imbrica, a su vez, con el crecimiento de población limítrofe en focos específicos del territorio nacional, debido a la aparición de nichos de trabajo desarrollados por los diferentes colectivos migratorios.

Este carácter complejo y multidimensional de los flujos humanos, que se presenta tanto en Argentina como en diferentes países del mundo, ha obligado a ampliar el espectro de análisis de las migraciones internacionales a nivel teórico y metodológico. Las explicaciones acerca de las condiciones de expulsión y atracción de migrantes, la influencia del sistema de libre mercado en los procesos de movilidad y las estrategias familiares de supervivencia –cuestiones tradicionalmente exploradas en el ámbito de la investigación migratoria–, son sin duda aspectos esenciales para entender por qué migran las personas. Sin embargo, el análisis exclusivo de estos temas resulta limitado a la hora de responder a algunas de las nuevas interrogantes que surgen en torno a los procesos migratorios (García Abad, 2001). Específicamente, en este artículo se aborda la pregunta de cómo entender las tendencias y los patrones de asentamiento de la población migrante en la primera década de este siglo, a la luz de las relaciones que se tejen entre los extranjeros desde su país de origen hasta el lugar de destino. Dicho de otro modo, ¿de qué manera estas tendencias y patrones se corresponden con dinámicas microestructurales, como los lazos de apoyo, las relaciones laborales y los vínculos sociales establecidos entre connacionales? Así, el objetivo de este trabajo es analizar las características demográficas de la migración internacional durante el período 2001-2010 y describir la forma en que se desenvuelven los patrones de asentamiento de los extranjeros residentes, dado el contexto de movilidad actual marcado por la presencia de redes migratorias dirigidas esencialmente hacia el ámbito laboral. Esta cuestión es analizada en el marco de la teoría de las redes de migraciones, bajo el entendido de que los desplazamientos internacionales hacia Argentina se sustentan fuertemente en la existencia de lazos familiares de apoyo, cadenas de información entre coterráneos sobre posibles trabajos y la vinculación con el territorio de origen (Benencia, 2005).

El enfoque de las redes migratorias en los procesos de movilidad humana

La forma en que se desenvuelve la migración internacional en la actualidad está íntimamente vinculada al desarrollo de un modelo de capitalismo global (Benencia, 2005). Los migrantes constituyen un factor productivo que favorece la expansión de capitales principalmente a través de dos formas: ocupando sectores de empleo que son desplazados por la población nativa y desarrollando mercados específicos que no han sido desenvueltos en el lugar de destino. Esto explica que hoy en día la migración sea fundamentalmente de tipo laboral y que los desplazamientos se produzcan desde zonas de bajo desarrollo industrial y económico hacia lugares con alto nivel de desarrollo (Mármora, 2010).

Además de lo anterior, el carácter global de las migraciones se traduce en un visible aumento de la población femenina en los flujos migratorios. El protagonismo adquirido por las mujeres en este ámbito está directamente asociado a su creciente participación en el mercado laboral en los últimos

40 a 50 años. En general, la incorporación del grupo femenino al trabajo remunerado en los países de América Latina se encuentra vinculada a las crisis financieras y económicas sucedidas en la región, cuyo efecto inmediato suelen ser políticas de ajuste estructural desacertadas (Staab, 2003). Como resultado de los recortes presupuestarios aplicados por los gobiernos a las políticas de protección y seguridad social, sumado a la precarización de las condiciones del empleo, las mujeres se ven obligadas a desempeñar un rol complementario en la producción del ingreso de los hogares (Del Valle Ruiz, 1997; Balbuena, 2003; Staab, 2003). Ante este escenario, la migración femenina emerge como una respuesta estratégica de supervivencia doméstica (Sassen, 2002).

Este contexto da lugar a la aparición de elementos específicos e impacta en otras dinámicas de menor escala, como son: la forma en que se desarrolla la inserción laboral de los migrantes en el país de destino, los agentes que intervienen en el proceso de movilidad, el modo en que se articula la experiencia de los sujetos sociales (migrantes) con las condiciones macroestructurales que determinan la migración y el papel desempeñan las redes de solidaridad/apoyo en la decisión de migrar, entre otros factores. Ante la incapacidad de los modelos teóricos clásicos para explicar estos fenómenos, el enfoque de las redes migratorias propone un marco teórico y metodológico capaz de articular los aspectos micro y macroanalíticos asociados a los procesos migratorios (García Abad, 2001).

Las redes de migración aluden a la existencia de "vínculos interpersonales que conectan a los migrantes, los migrantes anteriores, y los no migrantes en áreas de origen y destino a través de lazos de parentesco, de amistad, o por pertenencia a la misma comunidad de origen" (Massey, Arango, Hugo *et al.*, 2008: 458). En su versión más clásica, esta teoría enfatiza la funcionalidad que ejercen los vínculos sobre los movimientos de población, al señalar que las conexiones en red constituyen una forma de capital social que aumenta las posibilidades de inserción laboral en el extranjero. Una red migratoria bien desarrollada favorece la disponibilidad de trabajo para los miembros de la comunidad y refuerza la idea de que la migración puede ser una fuente de ingresos segura y confiable (Ibíd.). Así, a partir de la presencia de un determinado número de migrantes, se conforma una red que hace posible mitigar los riesgos y costos asociados al cruce de fronteras, lo cual genera un aumento de la probabilidad de emigrar y provoca desplazamientos adicionales. Esto produce un efecto expansivo de la red y permite explicar por qué algunos flujos migratorios persisten aun cuando las causas que iniciaron dicha migración hayan desaparecido (García Abad, 2001).

Revisiones más recientes de esta teoría (de Miguel, Solana & Pascual, 2004; Benencia, 2005; Padone, 2010) han puesto en evidencia la existencia de diferentes tipos de redes de migración, cada una con características específicas que pueden o no replicarse en otras redes. En sus diversas formas y contextos, estas redes constituyen "estructuras sociales mayores que trascienden los límites geográficos y tienen un carácter eminentemente transnacional" (Padone, 2010: 107). Esto se debe a que están involucrados una multiplicidad de factores, agentes e instituciones que, en mayor o menor medida, inciden sobre el hecho migratorio. Entre ellos se encuentran, por ejemplo, los modelos de gobernabilidad migratoria en los países de origen y destino, los trabajadores migrantes y sus empleadores, las entidades no gubernamentales de apoyo a los inmigrantes, las agrupaciones de colectividades, los organismos estatales que regulan la condición migratoria, etc. Así, la interacción entre estos elementos conduce a una relación transnacional de vínculos políticos, culturales, económicos, familiares e institucionales, que conectan al país de origen con el de destino (Ibíd.).

La dimensión transnacional de las migraciones resulta esencial al momento de analizar la distribución y los patrones de asentamiento de los extranjeros residentes en el país de destino. Al identificar la existencia de determinadas redes, es posible brindar un marco comprensivo a los cambios demográficos referidos al volumen del stock o la estructura por sexo y edad de la población migrante. Asimismo, el conocimiento acerca de este mecanismo estratégico permite identificar la existencia de ciertos flujos dinámicos de menor escala que pudiesen quedar invisibilizados en el análisis macro de los datos censales.

Antecedentes de la migración internacional hacia Argentina

Argentina ha sido históricamente un país receptor de migrantes. Desde su conformación como República y a lo largo de todo el siglo XX, la inmigración internacional demostró ser un componente significativo en la dinámica demográfica del país (Cerrutti, 2009; Benencia, 2012). Después del período de colonización, es posible distinguir dos grandes etapas de este proceso. La primera de ellas se produjo con el arribo de inmigrantes de ultramar, producto de la internacionalización económica experimentada en Europa a partir de la segunda mitad del siglo XIX, y como resultado de un interés de los diferentes gobiernos argentinos por expandir la población en el territorio nacional (Pellegrino, 2003). Se estima que entre 1850 y 1950, Argentina recibió cerca de 4 millones de migrantes transocéanicos, principalmente de origen italiano y español. Estos flujos no se desarrollaron de forma continua, sino que de manera fluctuante y con distintos niveles de intensidad a lo largo del período. En términos globales, contribuyeron sustancialmente al crecimiento vegetativo de la población y, a pesar de que se concentraron mayoritariamente en epicentros urbanos, favorecieron el poblamiento en las diferentes provincias del país.

Luego del proceso de estabilización política y económica que se inició en Europa en los años posteriores a la Segunda Guerra Mundial, la llegada de los flujos estrangeros se detuvo y a partir de la década de 1960 los colectivos migratorios europeos comenzaron a experimentar el envejecimiento demográfico de sus últimas cohortes. Esto condujo a un aumento en el peso relativo de la población limítrofe y al progresivo posicionamiento de los países vecinos como el principal grupo inmigratorio contemporáneo (Texidó, 2008). A diferencia de la inmigración europea, la movilidad fronteriza del siglo XX no tuvo efectos sobre el crecimiento vegetativo de la población argentina. Los flujos limítrofes se mantuvieron sin variaciones significativas en términos porcentuales, con cifras que oscilaron entre el 2 y 3% sobre el total de la población entre 1869 y 1980. Incluso en la actualidad, no alcanzan a superar el 5% (Fig. 1).

Figura 1. Argentina, 1869-2010. Migrantes limítrofes y no limítrofes sobre la población total del país (%). Años censales
Figure 1. Argentina, 1869-2010. Border and non-border immigrants as percentage of total population (%). Census years

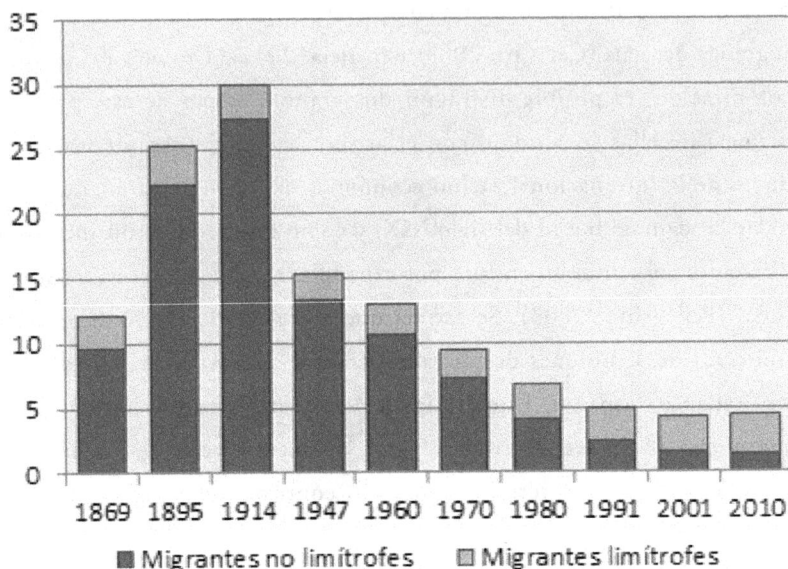

Fuente: 1869-2001: Courtis, Liguori y Cerrutti (2010), en "Migración y salud en zonas fronterizas: el Estado Plurinacional de Bolivia y la Argentina"; 2010: Censo Nacional de Población, Hogares y Viviendas, INDEC (2010)

Cabe señalar que esta segunda etapa del proceso migratorio no se desarrolló de manera espontánea, sino que se dio de forma paralela a la migración de ultramar. Tras la demarcación de fronteras que siguió a la conformación de los Estados Nacionales en América Latina, los desplazamientos naturales de población limítrofe se transformaron progresivamente en patrones de movilidad laboral estacionaria en el ámbito agrícola y, de manera simultánea, en procesos de urbanización de la población local que emigraba desde zonas rurales hacia las grandes urbes (Pellegrino, 2003). Actualmente, la movilidad fronteriza es la que prevalece en el escenario migratorio argentino. El dinamismo de esta migración, el avance del capitalismo global y los cambios acontecidos en la arena política y social durante los últimos 50 años, han conducido a la generación de nuevos patrones de desplazamiento y a modificaciones en las características sociodemográficas de estos flujos. Lo anterior implica la presencia de variaciones en el stock, cambios en la estructura demográfica de estos grupos y el surgimiento de nuevos focos de atracción para el asentamiento de la población extranjera.

Desarrollo y distribución geográfica de la migración limítrofe hacia Argentina

La transición entre los desplazamientos naturales y la movilidad con fines laborales de la población limítrofe debe ser entendida en el marco del proceso de sustitución de importaciones que atravesó Argentina entre 1940 y 1970. Este modelo de desarrollo amplió la sustitución de mano de obra y condujo a que la población nativa residente en zonas de baja industrialización (generalmente áreas rurales), se viera atraída por el dinamismo del mercado laboral en zonas más industrializadas (la capital y sus alrededores). Esto contribuyó a profundizar el proceso de migración interna que se había iniciado en la década del '30, producto de la crisis del modelo agroexportador (Lattes y Sautu, 1978; Bruno, 2007; Moreno, Pantelides et al., 2009).

Dado el contexto anterior y en función de la proximidad geográfica, las actividades rurales transitorias debieron ser cubiertas por mano de obra proveniente de países limítrofes; fue así como antes de 1970 la colectividad boliviana se asentó principalmente en las provincias del noroeste (Jujuy y Salta), los paraguayos en las del noreste y el litoral (Formosa y Misiones) y los chilenos en la región de la Patagonia (Neuquén, Río Negro y Chubut) (Pacecca & Courtis, 2008). En la figura 2 se ilustra la división regional de Argentina.

Figura 2. Grandes regiones de Argentina
Figure 2. Major regions of Argentina

Fuente: Elaboración propia

La población boliviana se movilizó tradicionalmente hacia provincias productoras de caña de azúcar y tabaco, siguiendo patrones de movilidad laboral por temporada. No obstante, entre 1966 y 1967 gran parte de esta colectividad se trasladó al área del Gran Buenos Aires (GBA)[1] debido a la crisis de la industria azucarera que comenzó a gestarse en esos años (Lattes & Sautu, 1978). De esta forma, mientras que en 1960 sólo un 12% de los bolivianos residentes en Argentina se concentraba en el GBA, en 1980 esta proporción ascendió al 37%.

---

[1] Se denomina Gran Buenos Aires al área comprendida por la Ciudad de Buenos Aires más los 24 Partidos (en sentido administrativo) que componen el cinturón de la ciudad.

Durante la primera mitad del siglo XX, los originarios de Paraguay se concentraron en las provincias del Nordeste, donde se insertaron en las economías ganadera y tabacalera y en el cultivo de yerba, té, quebracho y algodón (Lattes & Sautu, 1978). Sin embargo, la declinación de estas actividades en la década del '70, sumado a los procesos de tercerización que experimentaron estos rubros con la llegada de la dictadura en Argentina y al aumento de inmigración que se produjo con el gobierno de facto de Stroessner en Paraguay[2], condujeron a que en 1980 más del 60% de esta población estuviera asentada en el GBA.

Por último, los extranjeros procedentes de Chile se radicaron hasta 1980 preferentemente en zonas de la Patagonia, como jornaleros y peones en los establecimientos rurales y como trabajadores en la industria maderera y en el sector terciario (Lattes & Sautu, 1978). Paralelamente, durante la década de 1970 y 1980 se produjo la migración de chilenos hacia la provincia de Mendoza, en la región de Cuyo, debido al contexto de dictadura que obligó a migrar a los nacionales de este origen al exterior. Hasta 1991, el desplazamiento de chilenos hacia la capital del país y zonas aledañas se produjo sólo en bajas proporciones y no alcanzó a superar el 19% de residentes en GBA antes de ese año.

A partir de la década de 1970, los migrantes limítrofes comenzaron a desplazarse hacia el epicentro industrial del país, específicamente a la zona del GBA (Pacecca & Courtis, 2008). Esta tendencia se observó con mayor fuerza entre las colectividades boliviana, chilena y paraguaya, las cuales aglutinaban aproximadamente el 80% del total de la población fronteriza entre 1960-70. Uruguay fue el único país de origen limítrofe que registró sistemáticamente patrones de asentamiento urbano, con una extensa población de residentes ubicados en el GBA[3]. Brasil, por su parte, no representó una colectividad migratoria significativa a lo largo del siglo XX.

---

[2] La dictadura de Stroessner se extendió en Paraguay entre 1954 y 1989. Durante estos años se produjo un aumento de la inmigración paraguaya a Argentina debido a la persecución política y a las dificultades de acceso al mercado laboral, en especial para los opositores a su gestión.

[3] En 1960 el 62% de los uruguayos residentes en Argentina vivía en la ciudad de Buenos Aires o partidos del conurbano; desde 1980 esta cifra no disminuyó del 80%

Los procesos de movilidad fronteriza hacia Argentina se consolidaron especialmente en la década de los '90. Durante ese período, la sobrevaluación de la moneda nacional constituyó un importante factor de atracción para los migrantes de países vecinos[4]. Incluso habiendo alcanzado niveles de desempleo nunca antes vistos —en las zonas urbanas del país, la desocupación se triplicó entre 1990 y 1995, pasando del 6,3% al 18,6% (Cerrutti, 2002)–, la convertibilidad del peso argentino se tradujo en posibilidades de ahorro y envío de remesas para los migrantes, gracias a lo cual se mantuvo la tendencia creciente de las migraciones boliviana, paraguaya y peruana (Cerrutti & Parrado, 2007). De acuerdo a las tendencias observadas en la segunda mitad del siglo XX, estas migraciones adoptaron progresivamente un carácter permanente. En el caso de Uruguay y Chile, las condiciones económicas y el clima político marcado por el regreso de la democracia jugaron como factores de retención de la emigración, lo cual se tradujo en tendencias negativas de crecimiento exhibidas por ambos países en el período intercensal 1991-2001 (Cerrutti, 2005: 11) (Figura 3).

Fue también en los años '90 que la migración peruana comenzó a adquirir una notable presencia en Argentina debido a la crisis que venía arrastrando ese país[5]. El clima de violencia política por el que atravesaba Perú y sus efectos sobre la estabilidad social y económica, generaron un volumen cercano al medio millón de personas emigradas al exterior entre 1980 y 1992 (Altamirano, 2003). Durante este período, el stock de peruanos residentes en Argentina aumentó de 8.561 habitantes en 1980 a 15.939 en 1991, cifras que representan el 0,4% y el 1% sobre el total de migrantes, respectivamente (INDEC, 2004). Este rápido

---

[4] En 1991, bajo el mandato presidencial de Carlos Menem, el entonces ministro de economía Domingo Cavallo implementó el "plan de convertibilidad" como medida para el control de la crisis hiperinflacionaria de 1989 y 1990. Este plan tenía como objetivo reactivar las exportaciones y aumentar la entrada de capitales; para este propósito, contemplaba la paridad cambiaria entre el peso y el dólar y 100% de relación entre la base monetaria y las reservas de libre disponibilidad. Esto se conoció como la política del "1 a 1", 1 dólar equivalía a 1 peso argentino (Basualdo, 2003).

[5] Entre 1980 y 1992, Perú fue testigo del enfrentamiento armado entre la guerrilla de Sendero Luminoso y las fuerzas militares y paramilitares, lo que condujo a la descapitalización de la economía comunera y campesina, a la virtual pérdida de las bases productivas y a la destrucción de infraestructura pública a gran escala, tanto en zonas rurales como urbanas (Cerrutti, 2005: 10; Escobedo Rivera, 2006: 410).

crecimiento experimentado por la colectividad peruana se intensificó en la década del '90 a pesar del cese de la violencia armada, y a partir del siglo XXI esta colectividad representaría uno de los grupos migratorios más dinámicos del país.

Figura 3. Argentina, 1869-2010. Volumen de migrantes limítrofes por año censal
Figure 3. Argentina, 1869-2010. Stock of border immigrants by census year

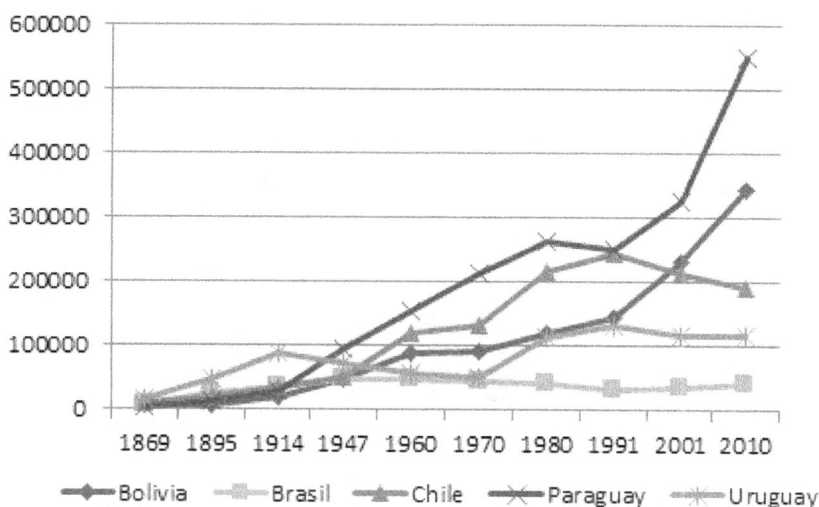

Fuente: INDEC, en "Serie histórica"

Fue también en los años '90 que la migración peruana comenzó a adquirir una notable presencia en Argentina debido a la crisis que venía arrastrando ese país. El clima de violencia política por el que atravesaba Perú y sus efectos sobre la estabilidad social y económica, generaron un volumen cercano al medio millón de personas emigradas al exterior entre 1980 y 1992 (Altamirano, 2003). Durante este período, el stock de peruanos residentes en Argentina aumentó de 8.561 habitantes en 1980 a 15.939 en 1991, cifras que representan el 0,4% y el 1% sobre el total de migrantes, respectivamente (INDEC, 2004). Este rápido crecimiento experimentado por la colectividad peruana se intensificó en la década del '90 a pesar del cese de la violencia armada, y a partir del siglo XXI esta colectividad representaría uno de los grupos migratorios más dinámicos del país.

La crisis económica del 2001 en Argentina y sus consecuencias sobre el tipo de cambio de la moneda nacional[6], no produjeron necesariamente la interrupción de los flujos migratorios limítrofes hacia el país. Esto puede atribuirse, por una parte, al hecho de que los diferenciales socioeconómicos en relación a los países de origen se mantuvieron y, en segundo lugar, debido al modelo de migración transnacional que caracteriza a los desplazamientos contemporáneos (Cerrutti & Parrado, 2007: 6; Pacecca, 2009: 17). En la práctica, este último aspecto se manifestó en la generación de demanda de trabajo por parte de las propias colectividades migratorias en áreas de trabajo específicas, lo que condujo, especialmente a lo largo de la primera década del siglo XX, a la construcción de redes con fines laborales entre el país de origen y el país de destino. De esta forma, es posible observar ciertas tendencias respecto a la inserción de los migrantes en el mercado de trabajo: los bolivianos en la horticultura, las mujeres peruanas en el servicio doméstico y los paraguayos en la construcción, entre los rubros más característicos (Martínez Pizarro & Reboiras Finardi, 2008).

La migración internacional en la primera década del siglo XXI

Según los resultados del censo nacional de población efectuado en 2001 por el Instituto Nacional de Estadística y Censos (INDEC), ese año residían en

---

[6] La crisis del 2001 comenzó a gestarse hacia fines de 1998, al observarse un proceso de recesión que afectó negativamente en la recaudación fiscal del IVA. En 2001, el ministro de economía Domingo Cavallo presentó "planes de competitividad" que comprendían medidas como el otorgamiento de subsidios, impuesto a las operaciones bancarias y mayor poder de decisión sobre el Ejecutivo. No obstante, el aumento de la desconfianza llegó a tal punto, que el riesgo país se hizo altamente visible y el Fondo Monetario Internacional insistió sobre la necesidad de salir de la convertibilidad. El gobierno, entonces, ya no obtuvo más créditos y la crisis se hizo palpable. En diciembre, los bancos tenían en sus activos bonos del estado difícilmente cobrables, lo que suscitó el retiro masivo de depósitos bancarios. Para detenerlos, Cavallo ordenó el impedimento de los retiros en efectivo, medida conocida como "corralito". Esto derivó en un fuerte descontento social, que obligó al presidente De la Rúa a presentar su renuncia, huyendo en helicóptero desde la Casa Rosada el 20 de diciembre de 2001. A este episodio le siguió el default financiero, abandonando así la política del "1 a 1" que se había instalado en los '90.

Argentina 1.527.320 personas nacidas en el extranjero, quienes representaban el 4,2% de la población total del país. Los principales países de origen de la población no nativa fueron, en orden de importancia: Paraguay (21,3%), Bolivia (15,3%), Italia (14,2%), Chile (13,9%), España (8,8%), Uruguay (7,7%) y Perú (5,8%). Las colectividades de países limítrofes representaron en conjunto el 66,2% de la población migrante del país en 2001 (1.011.475 habitantes), en tanto que los migrantes europeos componían el 28,3% del stock de extranjeros (432.349 personas). Cabe señalar que dentro de la categoría "migrantes limítrofes" se incluye a la población de origen peruano, ya que si bien Perú no comparte frontera con Argentina, la literatura especializada lo contempla como parte de este grupo al responder a un patrón de migración sur-sur de la región de América Latina.

Al comparar los resultados anteriores con los datos del censo 2010 (Fig. 4), se aprecia que el volumen de migrantes aumentó un 18,2% con respecto a 2001, siendo contabilizadas 1.805.937 personas de origen extranjero al final de la década. Esta cifra representó el 4,5% de la población total del país. Las colectividades fronterizas se mantuvieron como las más numerosas dentro de la población migrante, aunque con variaciones en su importancia relativa y en la cantidad absoluta registrada. Los datos revelan que el mayor aumento fue protagonizado por los colectivos de Bolivia, Paraguay y Perú, mientras que Chile y Uruguay presentaron un crecimiento negativo con respecto al período anterior. Estos resultados dan cuenta de una profundización del comportamiento exhibido en la década de 1990 por las colectividades fronterizas: en dicho período, la movilidad de chilenos y uruguayos hacia el territorio nacional manifestó un estancamiento, que se tradujo en una reducción de su stock debido a la ausencia de recambio poblacional. En cambio, en el caso de los colectivos boliviano, paraguayo y peruano, la entrada de personas económicamente activas condujo a un aumento en el volumen de migrantes y favoreció el reemplazo de la población. Por otro lado, se aprecia que la migración italiana y española, que conformaron los stocks europeos más cuantiosos a lo largo del siglo XX, acentuaron su tendencia al declive y redujeron su volumen en cerca de un 30% cada uno, con respecto a 2001.

Figura 4. Argentina, 2001 y 2010. Volumen de migrantes, porcentaje sobre el stock total y variación de crecimiento (%), por país de origen

Figure 4. Argentina, 2001 and 2010. Number of immigrants, percentage of the total stock, and changes in the growing rate (%), by country of origin

	2001		2010		
	Población migrante	%	Población migrante	%	Variación de crecimiento (%)
Bolivia	233.464	15,3	345.272	19,1	47,9
Chile	212.429	13,9	191.147	10,6	-10,0
Paraguay	325.046	21,3	550.713	30,5	69,4
Uruguay	117.564	7,7	116.592	6,5	-0,8
Perú	88.260	5,8	157.514	8,7	78,5
España	134.417	8,8	94.030	5,2	-30,0
Italia	216.718	14,2	147.499	8,2	-31,9
Otros	199.422	13,1	203.190	11,3	1,9
Total	1.527.320	100,0	1.805.957	100	18,2

Fuente: Censo Nacional de Población, Hogares y Viviendas, INDEC (2001 y 2010)

En relación a la estructura por sexo de los migrantes, la información censal muestra que durante la primera década de este siglo el volumen de mujeres fue superior al de los hombres extranjeros. Según los datos del censo 2001, en el país existían 84,1 hombres por cada cien mujeres migrantes. Por su parte, el índice de masculinidad registrado en 2010 para la población extranjera fue de 85,4 hombres por cien mujeres. La mayor proporción de mujeres en relación a los hombres se explica en función de dos factores: por una parte, debido a la sobremortalidad masculina que afecta a las cohortes migratorias de ultramar en edad avanzada y, en segundo lugar y fundamental, gracias al aporte generado por la población femenina de origen limítrofe, específicamente por los grupos nacidos en Bolivia, Paraguay y Perú. En efecto, al analizar la evolución del índice de masculinidad de estos tres colectivos entre 2001 y 2010, se observa que el número de hombres bolivianos por cada 100 mujeres pasó de 101,3 a 98,7 a lo largo del período intercensal. Por su parte, la relación por sexo de la población paraguaya pasó de 73,5 a 79,7 hombres por cien mujeres y en el caso de los oriundos de Perú, el índice evolucionó de 68,5 a 81,9 hombres por cada 100. Estos resultados permiten reflejar que la migración fronteriza hacia Argentina en la década reciente es un proceso encabezado fundamentalmente por mujeres y que el reagrupamiento familiar como motivo de la migración masculina habría ocurrido después de 2001 en un segmento cuantitativamente no desdeñable de las colectividades de origen paraguayo y peruano.

En ambos años censales, la población migrante se concentró principalmente en grupos de edad económicamente activos. En 2001, el 70% de los hombres (489.014 habitantes) y el 68,4% de las mujeres extranjeras (567.105 personas) se ubicaban entre los 15 y 64 años de edad. Estas cifras se incrementaron en 2010, al registrarse un 72,1% de población masculina (599.536 migrantes) y 76,5% de población femenina (745.047 mujeres) en los intervalos de edad productiva. Si analizamos la estructura de las migraciones limítrofes más dinámicas en el último año censal (Bolivia, Paraguay y Perú) (Fig. 5), veremos que la mayor presencia de hombres y mujeres en edades productivas jóvenes refleja el propósito eminentemente laboral que cumplen las migraciones hacia Argentina en la actualidad. Asimismo, los gráficos piramidales dan cuenta de lo señalado en el apartado anterior referente a la estructura feminizada que poseen, en particular, los colectivos peruano y paraguayo. En ambos casos, la pirámide de población correspondiente al año 2010 muestra un engrosamiento del segmento femenino en edades económicamente activas, de modo que el grado de feminización de estos grupos estaría dado por la actividad migratoria de las mujeres y no por causa de la sobremortalidad masculina.

Figura 5. Argentina, 2010. Pirámides de población de los extranjeros nacidos en
Bolivia, Paragua y Perú (%)
Figure 5. Argentina, 2010. Population pyramids of foreign people born in Bolivia,
Paraguay and Peru (%)

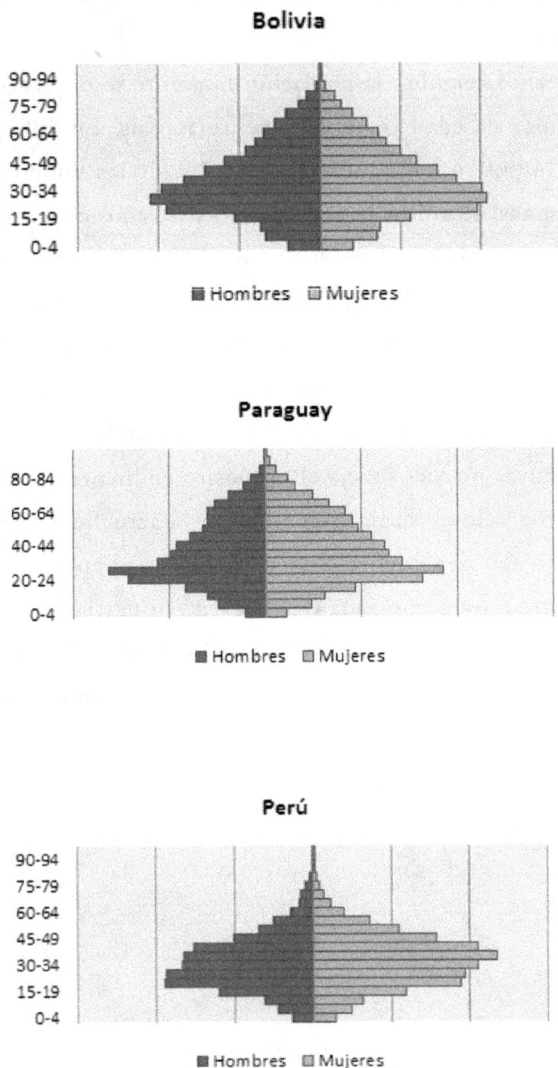

Bolivia

■ Hombres ▨ Mujeres

Paraguay

■ Hombres ▨ Mujeres

Perú

■ Hombres ▨ Mujeres

Fuente: Elaboración propia en base a los resultados del Censo de Población, Hogares
y Viviendas 2010 (INDEC)

Formación de redes transnacionales de migración en Argentina

En este apartado se revisan algunas de las principales redes de migrantes limítrofes hacia Argentina, específicamente aquellas que se conformaron en los años '90 y cuyo afianzamiento es visible en la primera década del siglo XXI. Dadas las tendencias de la migración internacional al país en el período reciente y en el marco de la bibliografía existente, se describen las características y estrategias desarrolladas por los colectivos más dinámicos en la actualidad, esto es, los extranjeros nacidos en Bolivia, Paraguay y Perú. Asimismo, se analizan datos de la Encuesta Complementaria de Migraciones Internacionales (ECMI) efectuada en 2003, con el propósito de caracterizar a las redes migratorias de bolivianos y paraguayos en relación a: la presencia de compatriotas conocidos al llegar al lugar de destino, la existencia o no de residencias intermedias a lo largo del proceso migratorio y la conservación de vínculos con personas en el país de origen[7].

En el caso de la migración boliviana, Benencia (2005) destaca el papel que han desempeñado las familias migrantes de ciertas regiones de Bolivia (Tarija, Potosí y Cochabamba) en la construcción de cinturones verdes en las grandes ciudades de Argentina a través de la producción hortícola para el consumo en fresco. En efecto, desde la década de 1970 los migrantes de este origen han estado presentes en el desarrollo de estrategias productivas necesarias para el cultivo de hortalizas y verduras frescas, y han acompañado el proceso de acumulación capitalista que se dio en este rubro a partir de la década de 1990 (Benencia, 2005). Respecto de esto último, es pertinente señalar que el modelo macroeconómico argentino de los años '90 favoreció un incremento significativo en el rendimiento del cultivo hortícola debido a la implementación de nuevas tecnologías para el proceso de productivo, tales como la incorpora-

---

[7] La ECMI (2003) fue realizada de manera complementaria al censo de población de 2001. Esta encuesta fue efectuada a los nacionales de Bolivia, Brasil, Chile, Uruguay y Paraguay, según las principales provincias de residencia de cada colectivo migratorio. El censo de población realizado en 2010 no incluye una encuesta similar, es por esto que la ECMI constituye la fuente de datos disponible más actual para el estudio de las redes transnacionales con destino Argentina. Los resultados de esta encuesta se encuentras publicados en el sitio oficial del INDEC: http://www.indec.mecon.ar/ webcenso/ECMI/index_ecmi.asp

ción de híbridos, el incremento en el uso de fertilizantes, el mejoramiento en la tecnología de riego y la difusión del cultivo bajo invernadero (Fernández Lozano, 2012). De forma paralela a estos avances, la relación laboral entre patrones y trabajadores del medio agrario evolucionó al margen de la ley y asumió un carácter cada vez más flexible, lo que derivó en el predominio de las relaciones de mediería por sobre las de asalariamiento (Benencia, 2005). En el caso particular de los trabajadores bolivianos del ámbito hortícola, es posible detectar que su participación en este rubro se desenvuelve tanto desde el lugar de patrones como de trabajadores. Más aún, se ha constatado que existe un proceso de movilidad ascendente, denominado por Benencia *escalera boliviana*, que implica la transformación de trabajadores (generalmente jornaleros) en arrendatarios e incluso en propietarios de la tierra.

Las redes transnacionales de migración boliviana asociadas a vínculos laborales en el ámbito hortícola, se han desarrollado fundamentalmente en tres provincias del país: Buenos Aires, Córdoba y Chubut. En el caso particular de la Provincia de Buenos Aires, el censo hortiflorícola efectuado en 2005 arrojó que un 30,4% de los productores de la explotación hortícola eran de nacionalidad boliviana (Ministerio de Economía de la Provincia de Buenos Aires, 2005), mientras que en el Área Metropolitana de Córdoba la particiación de los productores de este origen en los cinturones verdes de la zona alcanzó el 50% en 2002 (Benencia, 2012). Las estrategias mediante las cuales se conforman estas redes de migración laboral son diversas. Éstas incluyen el reclutamiento de un determinado número de connacionales que permita a los migrantes ya residentes efectuar, en palabras de Benencia (2005), una acción "colonizadora" del territorio. Esto es, crear condiciones de equilibrio étnico con el fin de crear un contexto favorable para el desarrollo de la actividad (aumentar las posibilidades de acceso a la tierra, mejorar las opciones de comercialización de acuerdo a los propios intereses, ajustar las condiciones laborales, etc.).

Por otro lado, con el fin de mejorar el rendimiento de la producción hortícola, los migrantes bolivianos residentes en el Valle Inferior del Río Chubut (Región de la Patagonia) probaron nuevas semillas y técnicas, las cuales fueron adquiridas a través de su propia experiencia en otros circuitos hortícolas, o bien mediante las redes establecidas con productores bolivianos de otras regiones de Argentina (redes intra-regionales) e incluso mediante el intercambio de información con productores tradicionales (Owen, Hughes y Sassone, 2007).

En general, las redes migratorias de bolivianos en Argentina que se construyeron desde los años '90 en torno a la horticultura se iniciaron a partir de vínculos familiares: la migración se producía por etapas, de modo que sólo algunos de los miembros de la familia migraban para asegurar la acumulación de ahorros que permitiese garantizar la supervivencia de todos los miembros en el lugar de destino (Owen, Hughes y Sassone, 2007). Luego (y de manera simultánea) los lazos familiares se ampliaron a los de "paisanaje" (es decir, entre compatriotas) y al aumentar su fuerza cuantitativa, al mejorar su posicionamiento dentro de la actividad e incrementar las posibilidades de acceso a la tierra y los recursos, entonces fue posible la consolidación de estas redes.

Los resultados arrojados por la ECMI en relación a la migración boliviana informan sobre algunas de las pautas transnacionales desenvueltas por los nacionales de este origen, específicamente por la población mayor de 18 años residente en CABA y en los 24 partidos del GBA que migró al país entre 1990 y 2003. Al respecto, los datos señalan que el 84,9% de los bolivianos encuestados en CABA tenía compatriotas conocidos al llegar al país y que el 84,4% migró directamente a esta localidad, sin haber residido anteriormente en otras localidades del territorio argentino. Además, un 85,5% de los hogares compuestos por al menos una persona de Bolivia arribada al país entre 1990 y 2003, aún conservaba vínculos con el país de origen al momento de la encuesta. En el caso de los bolivianos residentes en los partidos del GBA, el 78,1% de ellos tenía compatriotas conocidos que vivían en Argentina al momento de realizar la migración; el 53,7% se asentó directamente en la zona, sin residir en destinos intermedios, y un 81,1% de los hogares conformados por al menos un migrante boliviano todavía mantiene lazos con personas en su país de origen.

En relación al carácter transnacional de la migración paraguaya a Argentina, específicamente hacia el Área Metropolitana de Buenos Aires, los datos de la ECMI muestran que en la zona de CABA el 80,3% de los oriundos de Paraguay arribados al país entre 1990 y 2003 tenía algún compatriota conocido al llegar a Argentina, mientras que en los partidos del GBA esa pauta se presentó en el 82% de los casos. Con respecto al proceso de desplazamiento, se aprecia que el 70,2% de los paraguayos residentes en CABA migró directamente a esa localidad, en tanto que esta cifra alcanzó el 65,6% en los partidos del conurbano. Por su parte, el 95,5% de los hogares de CABA en los que existe al menos un oriundo paraguayo migrado al país entre 1990 y 2003, aún mantiene vínculos con personas que habitan en su país de origen. En el caso de los 24 partidos del GBA, la proporción de hogares con esta característica fue del 88,4%.

Los resultados registrados para de ambas colectividades en las jurisdicciones que componen el GBA, permiten constatar que la migración reciente de bolivianos y paraguayos al país se desenvuelve en un marco de transnacionalismo, marcado por la existencia de vínculos entre los miembros del país de origen y los connacionales residentes en el país de destino. Asimismo, el hecho de que la mayoría de los traslados se hayan realizado de manera directa y no escalonada a nivel territorial, confirma la presencia de lazos y redes de información que permiten reducir los costos asociados a la movilidad, al favorecer los desplazamientos directos hacia las zonas del país en las que existen nichos laborales desarrollados por estos migrantes.

Otro fenómeno transnacional relevante en el proceso reciente de inmigración, es la construcción de redes laborales por parte de mujeres peruanas en el ámbito del servicio doméstico en el Área Metropolitana de Buenos Aires. La migración procedente de Perú a esta zona comenzó a adquirir relevancia en los años '90 y se intensificó con fuerza en la primera década del siglo XXI. Desde su inicio como movimiento limítrofe actual, este flujo fue encabezado por mujeres en edades jóvenes que migraban solas o bien de manera escalonada (es decir, dejando a los miembros de la familia en el país de origen). Se trata de una migración esencialmente de tipo laboral con la característica de ser un movimiento urbano-urbano, es decir, las mujeres que lo componen provienen de la capital (Lima) y se desplazan en general de forma directa hacia la zona del GBA, en ausencia de destinos intermedios dentro del territorio nacional (Rosas, 2008).

La población femenina de este origen fue capaz de desarrollar un nicho laboral en la actividad del servicio doméstico. Al respecto, los datos del censo

2001[8] muestran que el 52% de las mujeres nacidas en Perú que residían en el GBA se encontraban activas dentro de este ámbito. La formación de esta red transnacional se consolidó rápidamente, y entre 2001 y 2010 el stock de peruanas residentes en el Gran Buenos Aires registró un aumento de 32.226 a 63.306 habitantes, un crecimiento equivalente a más del doble (INDEC, 2001 y 2010). Rosas (2008) advierte sobre la presencia de algunos factores estratégicos que contribuyen en la conformación de este tipo de red, entre los que destaca la existencia de otras mujeres dentro de la propia familia (madres, tías, hermanas) que promueven y motivan a realizar la migración. Asimismo, se ha constatado que gran parte de las mujeres peruanas que iniciaron su migración en la década de los '90 y que residen actualmente en el GBA, recibieron algún tipo de ayuda económica para efectuar el desplazamiento. Esta ayuda es provista principalmente por familiares que ya residían en la Argentina, quienes a su vez suelen ser los que acogen a las migrantes que llegan por primera vez al país (Ibíd.). Cabe aclarar que la existencia de esta red transnacional está fuertemente determinada –además de la disponibilidad de trabajo en el país de destino– por la existencia de lazos con otras mujeres en el país de origen. En este sentido, Pacecca y Courtis (2008) afirman que en el caso de las mujeres, la decisión de migrar está sujeta a la capacidad del hogar de prescindir de su trabajo y, por consiguiente, a la existencia de otras mujeres capaces de reemplazarla en sus actividades domésticas. Esto implica que la evaluación de los costos y beneficios asociados a la migración de la mujer (y tal es el caso de la migración femenina peruana al Gran Buenos Aires), es un hecho que involucra a toda la unidad doméstica, a diferencia como puede ocurrir en el caso de la migración masculina (Pacecca & Courtis, 2008).

Cabe señalar que la inserción de mujeres migrantes en el servicio doméstico y la formación de redes migratorias en torno a este ámbito, no es una característica exclusiva de las mujeres peruanas que se desplazan al Área Metropolitana de Buenos Aires. Este tipo de relaciones también se observa en la migración de

---

[8] Los datos del censo 2010 relativos a la situación de actividad y categorías ocupacionales, aún no se encuentran disponibles por parte del Instituto Nacional de Estadística y Censos (INDEC)

paraguayas hacia el GBA y, de manera creciente, entre la población femenina que migra hacia las provincias de Córdoba y Santa Fe en la región de la Pampa. La inserción en las actividades domésticas constituye la estrategia laboral predominante entre las mujeres de origen paraguayo. Según datos del censo 2001, el 60% de la población femenina ocupada que nació en Paraguay, trabajaba ese año en servicios a hogares privados (INDEC, 2001). Su importancia como fenómeno transnacional, ha llevado a identificar la existencia de un "corredor de cuidados Paraguay-Argentina" (Sanchís, Rodríguez, Bergel, Lander, Pérez Rial & Stevens, 2010). Se trata de un conjunto de mujeres que, durante las dos últimas décadas, iniciaron su proceso de movilidad en edades productivas tempranas y, en su mayoría, antes de haber conformado una familia (Sachís, Rodríguez, Bergel, Lander, Pérez Rial & Stevens, 2010). En términos generales, estas mujeres se desplazaron directamente desde Paraguay hacia Argentina (en particular hacia el GBA) sin escalas intermedias, apoyadas económicamente por miembros de su entorno y con contactos preestablecidos con compatriotas que ya residían en el lugar de destino. Adicionalmente, se observa que las trayectorias laborales anteriores a la fase de migración de estas mujeres, eran sobre todo de carácter informal. La inserción ocupacional dentro del ámbito doméstico una vez arribadas al lugar de destino, es un denominador común en este grupo y prevalece de la misma forma entre quienes provienen de actividades del medio rural, como entre quienes se desempeñaban en la prestación de servicios y en la producción industrial en el país de origen.

Patrones de asentamiento de la población extranjera residente en Argentina: Temporalidad de la migración

Lo que diferencia a la migración de otros tipos de movilidad humana, es el hecho de que el proceso migratorio implica el cruce de algún límite geográfico, con traslado de residencia habitual desde un lugar de origen a otro de destino (Macadar, 2009). Dicho traslado puede adoptar diferentes formas respecto de su dimensión temporal: esporádica, circular (ida y retorno), permanente, estacionaria, entre otros tipos. Esto impone dificultades al momento de intentar dilucidar los patrones de asentamiento de los migrantes, debido a que la principal fuente de datos disponible en Argentina capaz de captar esta información a gran escala, es el censo. Al realizarse cada diez años, este método permite acceder a un conocimiento limitado de la trayectoria que efectuó una persona en ese lapso de tiempo. Ante esta limitación, los registros de la Dirección Nacional de Migraciones (DNM) sobre la situación migratoria de las personas extranjeras, proveen una alternativa (no exenta de limitaciones) para entender mejor el patrón temporal de las migraciones actuales hacia Argentina, específicamente los flujos de origen limítrofe. En tal sentido, la legislación migratoria vigente establece un régimen específico para los nacionales de países miembros del Mercado Común del Sur (MERCOSUR)[9], el cual comprende el otorgamiento de un permiso de residencia temporaria que autoriza a permanecer en el país por dos años a partir del momento de llegada. Posteriormente, este permiso puede ser renovado por una residencia permanente, que habilita al migrante a radicarse de manera definitiva, bajo las mismas condiciones que los nacionales argentinos[10].

Al distinguir el tipo de residencia, las estadísticas de la DNM permiten estimar un perfil sobre la temporalidad de los flujos migratorios recientes. Cabe señalar que estos registros contienen datos sólo desde 2004 –año que coincide con la entrada en vigor de la actual normativa migratoria– y que su universo está compuesto por los migrantes en situación regular, dejando de lado a aquellos que aún no completaron su proceso de regularización ante la DNM.

---

[9] En 2002, los países miembros del MERCOSUR y Estados Asociados firmaron un Acuerdo de Libre Circulación, con un doble propósito: solucionar la situación migratoria de los nacionales de estos países y favorecer la integración regional, procurando establecer reglas comunes para la tramitación de los permisos de residencia. En Argentina, el Acuerdo fue aprobado el 9 de junio de 2004 a través de la Ley N° 25.902. Los países involucrados en este Acuerdo son: Argentina, Brasil, Paraguay, Uruguay, Venezuela, Bolivia, Chile, Colombia, Ecuador y Perú.

[10] La actual ley migratoria asegura el acceso igualitario a los inmigrantes y sus familias a los servicios sociales, bienes públicos, salud, educación, justicia, trabajo, empleo y seguridad social, en las mismas condiciones de protección que gozan los nacionales (artículo 6, Ley N° 25.471). Además, la ley garantiza el derecho a la educación y a la salud, con independencia de la situación migratoria (artículos 7 y 8, respectivamente)

Tomando en consideración las limitaciones mencionadas, los resultados muestran que entre 2004 y 2011 fueron otorgados por la DNM 602.540 radicaciones temporarias y 512.538 permisos de residencia permanente a ciudadanos extranjeros. Debido a que los nacionales del MERCOSUR y países asociados pueden acceder a la permanencia después de transcurridos dos años de residencia continuada en el país, es esperable que el número de radicaciones permanentes otorgadas aumente gradualmente en cada año consecutivo, dando cuenta así de un perfil de asentamiento permanente de las migraciones más recientes. En efecto, la mayor cantidad de este tipo de autorizaciones se registró en 2011 al ser resueltas 128.323 de ellas, mientras que las temporarias alcanzaron su mayor cifra en 2008, con 150.757 radicaciones (Fig. 6).

Figura 6. Argentina, 2004-2011. Radicaciones temporarias y permanentes resueltas por la DNM
Figure 6. Argentina, 2004-2011. Temporary and permanent residence permits issued by the DNM

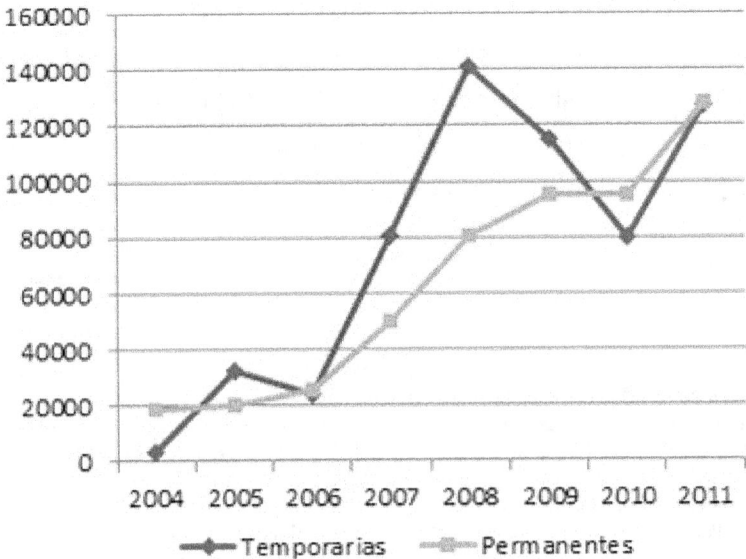

Fuente: Registro de radicaciones resueltas, DNM (2012)

En relación al país de nacimiento y categoría de las radicaciones, las estadísticas muestran que del total de permisos de residencia temporaria emitidos entre 2004 y 2011, un 39,2% correspondieron a personas nacidas en Paraguay (236.030 radicaciones), 27% a migrantes de Bolivia (162.789 radicaciones) y 16,6% a nativos de Perú (100.078 radicaciones). En conjunto, estas tres nacionalidades concentraron el 82,8% de los permisos de residencia temporaria resueltos en el período analizado.

Con respecto a las radicaciones permanentes emitidas, más del 80% fueron concedidas a nacionales de Paraguay (35,1%), Bolivia (30,6%) y Perú (15,9%), quienes acumularon respectivamente 180.074, 157.063 y 81.358 radicaciones de este tipo. El saldo restante se distribuyó principalmente entre países de la región sudamericana, entre los cuales sobresalen Chile (12.418), Brasil (11.960), Uruguay (11.145) y Colombia (7.745).

Al analizar la cantidad de radicaciones permanentes expedidas a los nacionales de Bolivia, Paraguay y Perú por sexo y motivo de la residencia (Fig. 7), se aprecia que las mujeres son las principales acreedoras de dichas autorizaciones y que los criterios de radicación varían de acuerdo al sexo. En estos tres colectivos migratorios, el motivo más frecuente que presentaron los hombres para acceder a la residencia permanente fue el cambio de categoría para países MERCOSUR. Las mujeres, en cambio, accedieron a este tipo de residencia principalmente debido a la tenencia de familiar argentino y en segundo lugar por cambio de categoría.

En el caso de Bolivia, fueron resueltas 76.705 radicaciones permanentes destinadas a personas de sexo masculino, de las cuales cerca de un 30% se otorgaron bajo el criterio de cambio de categoría MERCOSUR. El número de mujeres bolivianas radicadas bajo esta categoría alcanzó las 80.358 personas, de la cuales el 40% presentaron como primer motivo la tenencia de familiar argentino. Con respecto a los nacionales de Paraguay, entre 2004 y 2011 se resolvieron 76.038 permisos de residencia permanente para hombres y 104.035 para mujeres; en el primer caso, al menos un 40% obtuvo la radicación mediante el cambio de categoría, mientras que el 47% de las mujeres lo hizo a través del criterio de familiar argentino. Las mujeres de origen paraguayo son las que mayormente recurrieron a este criterio, en comparación a los colectivos boliviano y peruano. En relación a los nacionales de Perú, del total de radicaciones expedidas por la DNM, 34.570 fueron otorgadas a hombres y 46.788 a mujeres. Un 34% de la población masculina peruana alcanzó la permanencia gracias al cambio de categoría MERCOSUR y un 32% de las mujeres nacidas en este país lo hizo a través del criterio de familiar argentino.

Cabe destacar que la obtención de nacionalidad argentina también es un criterio que sobresale dentro de los motivos de radicación permanente en el país. Entre 2004 y 2011 optaron por la nacionalidad argentina 27.000 personas nacidas en Bolivia (14.424 hombres y 12.576 mujeres); 9.005 habitantes provenientes de Paraguay (3.488 de sexo femenino y 5.517 de sexo femenino); y 17.551 oriundos de Perú (7.358 hombres y 10.193 mujeres).

Figura 7. Argentina, 2004-2011. Radicaciones permanentes emitidas por sexo y criterio de residencia, según nacionalidad. Países seleccionados
Figure 7. Argentina, 2004-2011. Permanent residence permits issued by sex and residency criterion, by nationality. Selected countries

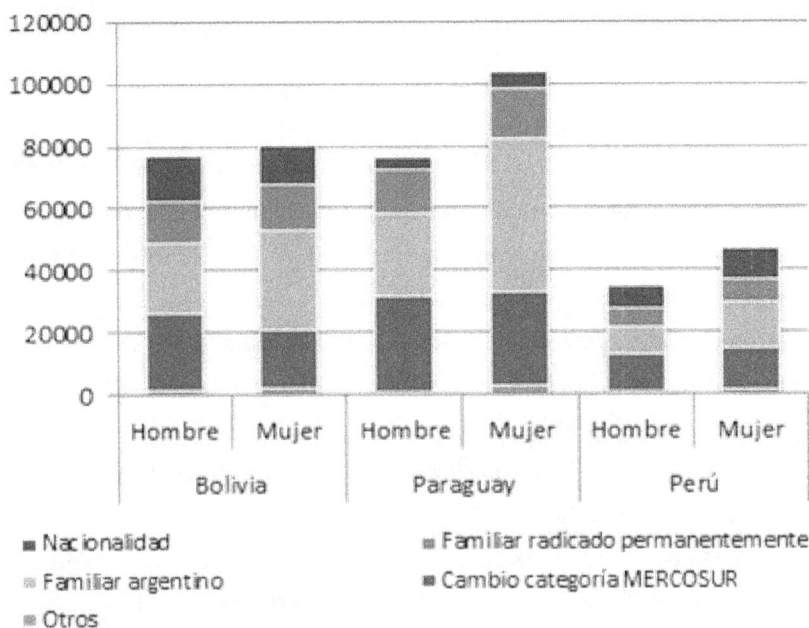

Fuente: Registro de radicaciones resueltas, DNM (2012)

La información analizada resulta coherente con las tendencias recientes de la migración internacional, en relación a los países de origen que llegan hacia Argentina. Asimismo, los resultados obtenidos a partir del número de radicaciones permanentes expedidas por la DNM muestran una curva ascendente, que permite afirmar que los migrantes arribados en la década reciente lo hacen con perspectivas de establecerse en el país de manera definitiva o, al menos, por largo plazo. Un fuerte indicativo de este fenómeno es, por una parte, que entre 2004 y 2011 se otorgaron más de 400 mil residencias permanentes, en su mayoría a personas de países vecinos. Por otro lado, el hecho de que una amplia proporción de las mujeres haya solicitado este tipo de radicación debido a la tenencia de un familiar argentino, permite suponer que existirían factores de arraigo más fuertes que la mera posibilidad de cambiar de categoría migratoria dado el Acuerdo de libre residencia para nacionales de países MERCOSUR. Este modelo es aplicable en particular a los migrantes de Bolivia, Paraguay y Perú, quienes en conjunto concentraron cerca del 90% de los permisos de residencia permanente resueltos entre 2004 y 2011.

Destinos de asentamiento

El incremento de población extranjera que experimentó Argentina entre 2001 y 2010 cercano al 20%, se tradujo en un aumento en el volumen de migrantes sólo en algunas de las provincias que componen el país. Jurisdicciones como Misiones, Jujuy o Neuquén, que hace al menos cuatro décadas fueron receptoras importantes de migración limítrofe, presentaron un estancamiento y en algunos casos hasta variaciones negativas en su volumen de población migrante. Tales decrecimientos no se explican necesariamente por la mortalidad que afectó a las cohortes europeas en el último período, sino que más bien debido a la profundización de un patrón direccional bien definido de la migración limítrofe. Siguiendo el comportamiento observado durante las tres últimas décadas del siglo XX, los flujos internacionales arribados entre 2001 y 2010 se asentaron de forma creciente en los epicentros urbanos del país y cada vez con mayor fuerza en la Ciudad Autónoma de Buenos Aires (CABA) y los 24 partidos que conforman el cinturón periférico del Gran Buenos Aires (GBA).

En 2001, el 70,2% de los extranjeros residentes (1.072.554 personas) se ubicaba en la Provincia de Buenos Aires[11] y en CABA. Dentro de este conjunto, resulta pertinente distinguir el área del GBA, ya que constituyó el principal destino de atracción para los migrantes durante la última década. Tan solo en los 24 partidos del conurbano residían 596.766 migrantes, cifra que por sí sola representó el 39% de los extranjeros residentes en el país en 2001. Hacia 2010 el 73,4% de la población migrante (1.323.719 personas) se ubicaba en la Provincia de Buenos Aires y CABA. Nuevamente, los 24 partidos del GBA constituyeron el destino preferente para el asentamiento de la población no nativa, tras reunir al 41,1% de los extranjeros residentes en Argentina (742.859 habitantes) (Fig. 8).

Figura 8. Distribución de la población extranjera en Argentina
Figure 8. Distribution of foreign population living in Argentina

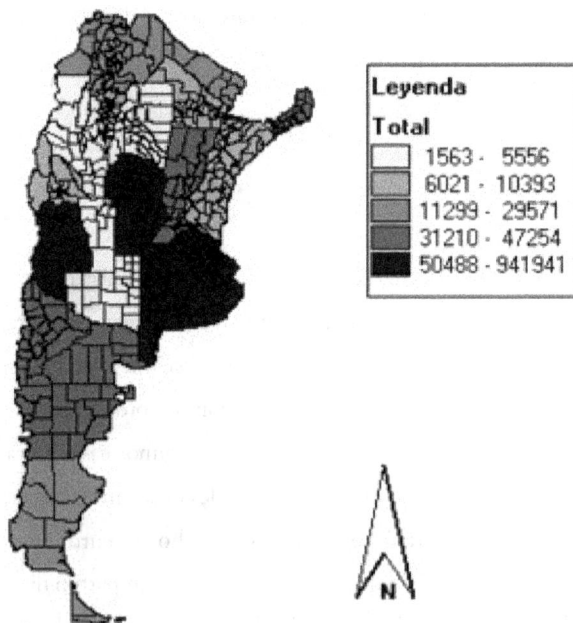

Fuente: Elaboración propia en base a datos del Censo de Población, Hogares y Viviendas 2010 (INDEC)

---

[11] La Provincia de Buenos Aires es una de las 24 jurisdicciones provinciales del país. Incluye a los 24 partidos del Gran Buenos Aires

Si bien otras jurisdicciones del país aumentaron de manera significativa su stock de migrantes en la primera década de este siglo, su representación dentro del territorio nacional no tuvo la importancia que exhibió el área del GBA. Mendoza, por ejemplo, fue la tercera provincia argentina con mayor número de ciudadanos extranjeros en 2001 y 2010, tras registrar un total de 57.299 y 65.619 personas nacidas en otro país, respectivamente. Sin embargo, pese al incremento registrado, el volumen de migrantes ubicados en esta provincia representó menos del 4% del stock nacional en cada año censal.

Al analizar los cambios en la proporción de extranjeros residentes en GBA según la nacionalidad de origen, los resultados reflejan que los movimientos migratorios que se dirigen actualmente a Argentina presentan un patrón de asentamiento capitalino-urbano. En 2001, el 51,6% de las personas nacidas en Bolivia residía en la Ciudad de Buenos Aires o en los 24 partidos del GBA. Este porcentaje fue de 73,3% en el caso de la población boliviana y del 70,9% en el colectivo peruano. En 2010, se produjo un aumento de la tendencia y los datos mostraron que el 55,2% de los bolivianos, el 75,4% de los paraguayos y el 71,9% de los oriundos de Perú residían en alguna de estas dos jurisdicciones (INDEC, 2010). Estos porcentajes son atribuibles al dinamismo que presenta la zona de CABA y los partidos que conforman el cinturón periférico del GBA, así como también a las redes de migrantes que se fueron consolidando desde la década de los '90 hasta la actualidad entre los países de origen y este lugar de destino. No obstante, al analizar la distribución de los extranjeros en el territorio argentino, se observa que este patrón se imbrica con otros destinos de preferencia, los cuales también estarían asociados a la existencia de redes migratorias en el ámbito laboral. Dichas redes permiten mantener el dinamismo migratorio en otras jurisdicciones de Argentina distintas a la de la capital, aunque en una escala más baja.

Respecto de lo anterior, es posible distinguir tres casos específicos donde se percibe un crecimiento de la población extranjera en zonas que, hasta antes de la primera década del siglo XXI, no constituían focos de atracción específicos para los extranjeros de origen limítrofe: la región de la Patagonia, la provincia de Santa Fe y la provincia de Córdoba (ambas pertenecientes a la región de la Pampa).

Como se describió anteriormente, las provincias de la Patagonia atrajeron a un sector de la migración limítrofe, principalmente boliviana, que encontró un nicho laboral en la actividad hortícola. Los migrantes de Bolivia lograron insertar nuevas formas de organización del trabajo agrícola, a través de la producción de verdura de hoja para el consumo en fresco y la introducción de nuevas semillas (Owen, Hughes y Sassone, 2007). De esta forma, la provincia de Chubut se constituyó en el principal destino de la migración boliviana en la Patagonia, registrándose 2.192 ciudadanos de este origen en 2001 (8% de los extranjeros de la provincia) y 6.717 en 2010 (21,5%). En Santa Cruz, este stock pasó de 2.132 (5,2%) a 4.377 habitantes (16,8%), y en Río Negro de 2.099 (4,3%) a 4.068 (8,6%) en el mismo período. En las provincias de Neuquén y Tierra del Fuego también se incrementó la presencia de bolivianos, aunque su stock en términos absolutos no superó los 4 mil habitantes en ninguno de los dos casos (Fig. 9). Cabe mencionar que al analizar la estructura por sexo de la población boliviana en la Patagonia, los datos reflejan un mayor volumen de hombres por sobre el de las mujeres. Este hecho puede ser explicado en función de dos factores: por una parte, la migración de extranjeros bolivianos hacia Argentina no presenta los niveles de feminización que poseen los colectivos peruano o paraguayo. Al menos hasta la década reciente, la migración de mujeres bolivianas ocurría en mayor medida como parte de un proceso de movilidad familiar o por reagrupamiento y, en segundo término, como un proceso encabezado por mujeres[12]. Por otro lado, la actividad hortícola de bolivianos en Argentina ha estado tradicionalmente encabezada por hombres, mientras que las mujeres bolivianas suelen insertarse en el ámbito del servicio doméstico, en actividades de manufactura y como trabajadoras en la agricultura.

---

[12] En conformidad con las tendencias nacionales y regionales, es probable que la migración autónoma encabezada por mujeres bolivianas adquiera cada vez más relevancia. La disminución en el índice de masculinidad de 2010 con respecto al año 2001 podría constituir un indicio de ello.

Figura 9. Región de la Patagonia, 2001 y 2010. Extranjeros nacidos en Bolivia, por sexo. Total y porcentaje (%) sobre la población migrante

Figure 9. Patagonia region, 2001 and 2010. Foreigners born in Bolivia, by sex. Total and percentage (%) of immigrant population

	2001				2010			
	Varones	Mujeres	Total	Total sobre migrantes (%)	Varones	Mujeres	Total	Total sobre migrantes (%)
Chubut	1.210	982	2.192	8,0	3.545	3.172	6.717	21,5
Neuquén	796	590	1.386	4,1	1.780	1.573	3.353	9,7
Río Negro	1.204	895	2.099	4,3	2.239	1.829	4.068	8,6
Santa Cruz	744	488	1.232	5,2	2.350	2.027	4.377	16,8
Tierra del Fuego	574	402	976	8,7	827	690	1.517	13,4

Fuente: Censo Nacional de Población, Hogares y Viviendas, INDEC (2001 y 2010)

En la región pampeana, la provincia de Córdoba figuró como uno de los destinos de asentamiento preferente para los grupos migratorios más dinámicos del período reciente. Esta provincia reunió a 39.605 migrantes en 2001 (2,6% del total nacional) y a 50.488 en 2010 (2,8%). La colectividad boliviana fue el grupo limítrofe más numeroso de esta jurisdicción al comienzo de la década, al registrar 6.857 personas residentes de este origen en 2001 (17,3% de los migrantes de la provincia); en un lapso de 10 años, su stock se incrementó en más de la mitad hasta alcanzar los 11.439 habitantes (22,7%). Menos numerosa, pero con un crecimiento de casi el triple, fue la colectividad paraguaya: registró un stock de 1.411 habitantes en 2001 y de 4.064 en 2010, con lo cual su representación dentro de la población extranjera de la provincia aumentó del 3,6 al 8%. Por otro lado, la migración peruana experimentó el incremento de su volumen en aproximadamente el 100%, pasando de las 6.750 a las 12.442 personas entre 2001 y 2010. Ese último año, la población nacida en Perú encabezó el stock de extranjeros residentes en Córdoba, abarcando un 24,6% del total.

También en la región de la Pampa, la provincia Santa Fe reunió a una cantidad importante de migración fronteriza durante la primera década del siglo XXI, particularmente de ciudadanos nacidos en Paraguay y Perú. En términos proporcionales, esta jurisdicción concentró cerca del 2% de la migración internacional del país entre 2001 y 2010. Su principal flujo migratorio fue el de oriundos paraguayos, cuyo volumen alcanzó las 4.266 personas en 2001 (11,7% de los extranjeros de la provincia) y 8.154 al finalizar el período (21,8%). La migración peruana, por su parte, registró un stock de 2.419 habitantes en 2001 y de 4.010 en 2010, es decir, experimentó un crecimiento cercano al doble; con ello, aumentó su participación dentro de la población migrante del 6,7 a 10,7%.

El notorio aumento que exhibieron las migraciones limítrofes en las provincias de Córdoba y Santa Fe pudiese estar vinculado con una expansión de las redes ya existentes hacia nuevas zonas de destino. Si bien este crecimiento por sí solo no nos permite verificar la presencia de redes migratorias en dichas provincias, es esperable que la dinámica de movilidad transnacional se replique también en estos lugares.

Comentarios finales

El panorama inmigratorio argentino de la primera década del siglo XXI se caracterizó por la profundización de ciertas tendencias que ya se proyectaban en los años '60, en conformidad con la aparición de nuevos elementos y dinámicas que surgen a partir del avance de un contexto internacional y regional globalizado.

En concordancia con los patrones de movilidad sur-sur que prevalecen actualmente en América Latina, los desplazamientos de población extranjera hacia el territorio nacional poseen características bien definidas en relación al origen de su procedencia, su estructura por sexo y edad, el propósito de la migración y el peso relativo que poseen sobre la población total. Se trata principalmente de flujos procedentes de países limítrofes y regionales —mayoritariamente de personas nacidas en Bolivia, Paraguay y Perú–, que se encuentran en edades económicamente productivas, motivados por la búsqueda e inserción laboral, con una marcada participación de mujeres y cuyo stock no alcanza a ser lo suficientemente relevante como para generar impactos demográficos en el país de destino. Es importante destacar aquí que si bien estos rasgos son los que predominan a nivel nacional, existen también otros tipos de desplazamiento cuantitativamente menos significativos, que hacen del contexto migratorio argentino un escenario más complejo y diversificado que el que arrojan las cifras globales —en tal sentido, se puede mencionar la migración de refugiados y solicitantes de asilo, los desplazamientos por temporadas, el fenómeno de la trata de personas con fines de explotación sexual y laboral, la migración desde otros países de la región por motivos de estudio, entre las más destacadas—.

Las características precedentes se dan en un contexto en el cual las relaciones construidas entre el lugar de origen y el de destino permiten crear condiciones que facilitan el traslado de los migrantes, la difusión de información, su inserción en el mercado de trabajo y el mantenimiento de vínculos con personas en el país de origen. En particular, este trabajo analizó algunas de las pautas transnacionales que desarrollan migrantes de nacionalidad boliviana, paraguaya y peruana en provincias específicas del país. Este marco conceptual para el análisis de los movimientos internacionales permitió brindar una mirada comprehensiva a las tendencias globales de inmigración en el país y entender cómo se desenvuelven los patrones de asentamiento de estos colectivos en determinados focos del territorio argentino.

Tomando en cuenta lo anterior, podemos constatar que la migración hacia Argentina entre 2001 y 2010 comporta patrones de asentamiento urbano preferentemente dirigidos hacia la capital. Esta direccionalidad de los flujos migratorios se imbrica con otros destinos que emergen en virtud de la fuerza adquirida por redes migratorias ya existentes; tal es el caso de los bolivianos que migran hacia Chubut y, en apariencia, de los peruanos y paraguayos residentes en las provincias de Córdoba y Santa Fe en la década reciente. Respecto de esto último, si bien las fuentes de datos existentes no permiten analizar las pautas de transnacionalismo que presentan los migrantes de Perú y Paraguay en la región de La Pampa, cabe suponer que el crecimiento experimentado por ambos colectivos en las provincias de esta zona se desarrolla en conformidad con la existencia de vínculos de apoyo que facilitan el desplazamiento directo, las condiciones de asentamiento, el intercambio con miembros del país de origen y la inserción en el mercado de trabajo.

Otro aspecto que surge en el análisis de los patrones de asentamiento de la población extranjera en el marco de las redes de migración, se refiere a la temporalidad de estos movimientos. La dimensión temporal constituye un componente sujeto a múltiples factores que dificultan su medición. En este trabajo se tomó como fuente de información los resultados arrojados por las estadísticas de la DNM entre 2004 y 2011, a fin de lograr una aproximación al perfil de asentamiento que caracteriza a los desplazamientos de población internacional en Argentina. Los resultados obtenidos a partir del número de radicaciones permanentes expedidas por el organismo nacional muestran una curva ascendente, que permite afirmar que los migrantes arribados en la década reciente lo hacen con perspectivas de establecerse en el país por largo plazo. Nuevamente, este modelo es aplicable en particular a los migrantes de Bolivia, Paraguay y Perú, quienes en conjunto concentraron cerca del 90% de los permisos de residencia permanente resueltos por la DNM. Los motivos presentados por los nacionales de este origen para solicitar este tipo de radicación fueron, en al menos un 70% de los casos, el cambio de categoría MERCOSUR y la tenencia de hijo argentino; tales motivos indican, por una parte, que los solicitantes habrían residido de manera continuada en el país por al menos dos años, antes de acceder a la residencia permanente, y por otro lado podría constituir una posible señal de arraigo. Ahora bien, no se puede desconocer la limitación que posee este tipo de registro en relación a la muestra de migrantes que abarca, esto es, aquellos que acceden a una situación migratoria regular. Al respecto, los resultados permiten inferir que existiría una cantidad no desdeñable de migrantes irregulares especialmente de origen paraguayo, quienes manifiestan una notoria brecha entre el crecimiento absoluto registrado entre 2001 y 2010 —en este período su volumen aumentó de 325.046 a 550.713 habitantes— con respecto a la cantidad de radicaciones permanentes obtenidas entre 2004 y 2011 (en total, 180.073 radicaciones permanentes).

En virtud de los datos analizados, es posible afirmar que el patrón de asentamiento que predomina en la actual migración hacia Argentina es de carácter permanente y, como se señaló precedentemente, dirigido a zonas urbanas, específicamente a la capital. La preponderancia que caracteriza a la Ciudad de Buenos Aires y a los 24 partidos del GBA como destino de la migración no es casual, sino que estaría en relación con las posibilidades que ofrece el mercado laboral de la zona. Tal como reconoció tempranamente Lattes (1975 y 1985), la migración fronteriza comenzó a reorganizar su presencia en el territorio nacional a partir de la caída de ciertas industrias en el sector agrícola, entre ellas la azucarera, la tabacalera y la algodonera. En virtud del proceso de terciarización del trabajo que se originó en el país entre las décadas de 1970 y 1980, los migrantes limítrofes vieron mermadas sus posibilidades de inserción en ámbitos que tradicionalmente constituyeron nichos laborales para estos flujos. Estas condiciones –sumado el contexto de paridad cambiaria entre el peso argentino y el dólar que se dio en los años '90 y que jugó un rol decisivo en la llegada de migrantes en edades productivas jóvenes al país–, contribuyeron al surgimiento de nuevas estrategias de movilidad, que implicaron la formación y el fortalecimiento de vínculos transnacionales dirigidos, sobre todo, al ámbito del mercado de trabajo. Los mecanismos desplegados no son homogéneos ni se desenvuelven de la misma manera entre las diferentes redes de migrantes, y estarían condicionados por elementos como la nacionalidad de origen, el sexo y el tipo de actividad laboral en torno a la cual se construyen las redes, entre otros factores. Como se pudo constatar en este trabajo, la migración peruana estaría en mayor medida encabezada por mujeres que inician la trayectoria migratoria por sí solas, a diferencia de la colectividad boliviana, donde este fenómeno tendría un menor impacto. Asimismo, tal como se analizó anteriormente, la migración de mujeres estaría sujeta a la disponibilidad de otras mujeres en el lugar de origen para asumir las tareas de cuidado, característica que prácticamente no se observa en el proceso migratorio masculino.

El amplio abanico de factores que intervienen en la formación de las redes conduce a la formación de diversos tipos de vínculo transnacional. Es precisamente a raíz de esa complejidad, que el análisis sobre la evolución de las tendencias migratorias y los patrones de asentamiento de los extranjeros suele prescindir de este marco conceptual y metodológico. El trabajo presentado aquí constituye un primer intento por articular los niveles micro y macro que envuelve el estudio de las migraciones internacionales dada su multidimensionalidad. Un análisis ulterior habría de considerar también otros aspectos esenciales que intervienen en la elección del lugar de destino y la temporalidad del movimiento, como pueden ser la influencia de las redes migratorias en el acceso a la vivienda, la gestión de la documentación migratoria o el nivel de la selectividad de la propia red.

Referencias

BALBUENA, P (2003) "Feminización de las migraciones: del espacio reproductivo nacional a lo reproductivo internacional". *Aportes Andinos*, 7, Universidad Andina Simón Bolívar [8 de febrero de 2014] En: http://www.uasb.edu.ec/padh/revista7/articulos/patricia% 20balbuena.htm

BASUALDO, E. (2003) "Las reformas estructurales y el Plan de Convertibilidad durante la década del noventa. El auge y la crisis de la valorización financiera". *Realidad Económica*, 200: 42-83. Buenos Aires: FLACSO

BENENCIA, R. (2005) "Redes sociales de migrantes limítrofes: lazos fuertes y lazos débiles en la conformación de mercados de trabajo hortícola (Argentina)". Trabajo presentado en el 7º Congreso Nacional de Estudios del Trabajo, Buenos Aires, 10 al 12 de agosto [12 de febrero de 2014] En: http://www.aset.org.ar/congresos/ 7/15011.pdf

BENENCIA, R. (2012). Perfil Migratorio de Argentina 2012. Buenos Aires: OIM

BRUNO, S. (2007) "Movilidad territorial y laboral de los migrantes paraguayos en el Gran Buenos Aires". Trabajo presentado en las IX Jornadas Argentinas de Estudios de Población, Huerta Grande (Córdoba), septiembre; III Congreso Paraguayo de Población, Asunción, noviembre [12 de febrero de 2014]. En: http://paraguay.sociales.uba.ar/files/2011/07/Bruno_03.pdf

CERRUTTI, M. (2002) "El problema del desempleo: el caso argentino en el contexto latinoamericano". Seminario "Latin American Labor and Globalization: Trends Following a Decade of Economic Adjustment", Social Science Research Council y FLACSO, San José, 10-11 de julio

CERRUTTI, M. (2005) "La migración peruana a la Ciudad de Buenos Aires: su evolución y características". *Población de Buenos Aires*, septiembre, 2 (2): 7-28. Buenos Aires: Dirección General de Estadísticas y Censos de la Ciudad de Buenos Aires

CERRUTTI, M. (2009) "Diagnóstico de las poblaciones de inmigrantes en la Argentina". Buenos Aires: Dirección Nacional de Población

CERRUTTI, M. & PARRADO, E. (2007) "Remittances of Paraguayan migrants to Argentina: prevalence, amount, and utilization". Integration and trade journal, 27: 21-44, julio-diciembre. Banco Interamericano de Desarrollo

COURTIS, C.; LIGUORI, G. & CERRUTTI, M. (2008) "Migración y salud en zonas fronterizas: el Estado Plurinacional de Bolivia y la Argentina". *Serie población y desarrollo*, 93, Santiago de Chile: CEPAL

COURTIS, C. & PACECCA, M.I. (2010) "Género y trayectoria migratoria: mujeres migrantes y trabajo doméstico en el Área Metropolitana de Buenos Aires". *Papeles de población*, 16 (63): 155-185

DEL VALLE RUIZ, G. (1997) "La participación de la mujer en el mercado de trabajo, en zonas de escaso desarrollo: el caso de Santiago del Estero". Latin American Studies Association, Guadalajara, México, abril 17-19

DIRECCIÓN GENERAL DE ESTADÍSTICAS Y CENSOS – Ciudad de Buenos Aires (2007) "La ciudad en los dos primeros censos nacionales". *Población de Buenos Aires*, 4(5): 77-94, abril

DIRECCIÓN NACIONAL DE MIGRACIONES (2012) Base de datos de radicaciones emitidas. Buenos Aires: DNM

ESCOBEDO RIVERA, J. (2006) "La despoblación y el despoblamiento en áreas de violencia política. Perú, 1980-2000". En: "Panorama actual de las migraciones en América Latina", Canales, A. (comp.). Jalisco: ALAP y Centro de Estudios de Población Universidad de Guadalajara

FERNÁNDEZ LOZANO, J. (2012) "La producción de hortalizas en Argentina". Buenos Aires: Secretaría de Comercio Interior, Corporación del Mercado Central de Buenos Aires

GARCÍA ABAD, R. (2001) "El papel de las Redes Migratorias en las migraciones a corta y media distancia". *Script Nova*, 94 (11), 1 de agosto

INDEC "Migración, Serie histórica" [20 de diciembre de 2013] En: http://www.indec.mecon.ar/principal.asp?id_tema=6349

INDEC (1973) "Censo nacional de población, familias y viviendas 1970. Resultados provisionales". Buenos Aires: INDEC

INDEC (2001) Censo nacional de población, hogares y viviendas 2001

INDEC (2010) "Censo nacional de población, hogares y viviendas 2010" [30 de diciembre de 2013] En: http://www.censo2010.indec.gov.ar

INDEC (2004) "Tendencias recientes de la inmigración internacional". Aquí se cuenta, 12

KOSACOFF, B. & BEZCHINSKY, G. (1993) "De la sustitución de importaciones a la globalización. Las empresas transnacionales en la industria argentina". *Documentos de trabajo de la CEPAL*, 52, septiembre. Buenos Aires: CEPAL

LATTES, A. (1975) "El crecimiento de la población y sus componentes demográficos entre 1870 y 1970". En: "La población de Argentina", Recchini de Lattes & Lattes (comps.), Buenos Aires: CICRED

LATTES, A. (1985) "Migraciones hacia América Latina y el Caribe desde principios del siglo XX". *Cuadernos CENEP*, 35, Buenos Aires: Centro de estudios de población

LATTES, A. & SAUTU, R. (1978) "Inmigración, cambio demográfico y desarrollo industrial en la Argentina". Cuadernos CENEP, 5, Buenos Aires: Centro de estudios de población

MACADAR, D. (2009) "El relevamiento de la migración interna e internacional en el censo de Uruguay 2010". Montevideo: OIM

MÁRMORA, L. (2010) "Modelos de gobernabilidad migratoria. La perspectiva política en América del Sur". *Revista Interdisciplinar da Mobilidade Humana*, año XVIII, 35: 71-92, Brasilia, julio

MARTÍNEZ PIZARRO, J. & REBOIRAS FINARDI, L. (2008) "Impacto social y económico de la inserción de los migrantes en tres países seleccionados de Iberoamérica". *Serie población y desarrollo*, 83, Santiago de Chile: CEPAL

MASSEY, D.; ARANGO, J.; HUGO, G.; KOUAOUCI, A.; PELLEGRINO, A. & TAYLOR, J.E. (2008) "Teorías de migración internacional: una revisión y aproximación", *ReDCE*, 10: 435--478, julio-diciembre

MINISTERIO DE ECONOMÍA DE LA PROVINCIA DE BUENOS AIRES (2005) "Censo Hortiflorícola de la Provincia de Buenos Aires" [10 de febrero de 2014] En: http://www.ec.gba.gov.ar/estadistica/chfba/censohort.htm

MORENO, M. & PANTELIDES, E. (comps.); ABDALA, F.; BERTONCELLO, R.; BINSTOCK, G.; CERRUTTI, M.; GELDSTEIN, R.; LATTES, A. & MAGUID, A. (2009) "Situación de la población en Argentina", Buenos Aires: Programa Naciones Unidas para el Desarrollo (PNUD) – UNFPA

OWEN, O.M.; HUGHES, J.C. & SASSONE, S.M. (2007) "Migración y dinámicas rurales en el Valle Inferior del Río Chubut". Trabajo presentado en las IX Jornadas Argentinas de Estudios de Población, AEPA- Asociación de Estudios de Población de la Argentina, Huerta Grande [12 de febrero de 2014] En: http://www.estadistica.chubut.gov.ar/archivos/biblioteca-virtual/aepa/migracionesinternas.pdf

PACECCA, M.I. & COURTIS, C. (2008) "Inmigración contemporánea en Argentina: dinámicas y políticas". *Serie población y desarrollo*, 84, Santiago de Chile: CEPAL

PELLEGRINO, A. (2003) "La migración internacional en América Latina y el Caribe: tendencias y perfiles de los migrantes". *Serie población y desarrollo*, 35, Santiago de Chile: CEPAL

ROSAS, C. (2008) "Antes de migrar: aspectos sociodemográficos, género y redes en la migración peruana en Buenos Aires". *Debates en Sociología*, 33: 51-76

SANCHÍS, N. & RODRÍGUEZ ENRÍQUEZ, C. (COORD.); BERGEL, M.; LANDER, E.; PÉREZ RIAL, A.; STEVENS, C. (2010) "Cadenas Globales de Cuidados. El papel de las migrantes paraguayas en la provisión de cuidados en Argentina", Buenos Aires: ONU Mujeres

SASSEN, S. (2002) "Countergeographies of globalization: The feminization of survival". Conference on Gender Budgets, Financial Markets, Financing for Development, Heinrich-Boell Foundation, Berlín, 19-20 de febrero

STAAB, S. (2003) "En búsqueda de trabajo. Migración internacional de las mujeres latinoamericanas y caribeñas. Bibliografía seleccionada", *Serie Mujer y Desarrollo*, 51, Santiago de Chile: CEPAL

TEXIDÓ, E. (2008) "Perfil Migratorio de Argentina 2008". Buenos Aires: OIM

A INFLUÊNCIA DAS REDES SOCIAIS NA ESTRUTURAÇÃO GEOGRÁFICA DO PROJECTO MIGRATÓRIO
THE INFLUENCE OF SOCIAL NETS IN THE ESTRUTURATION OF THE MIGRATORY PROJECT

Fátima Velez de Castro | velezcastro@fl.uc.pt

CEGOT (Centro de Estudos de Geografia e Ordenamento do Território/

Departamento de Geografia e Turismo (FLUC)

Universidade de Coimbra

Resumo

A Teoria das Redes/Capital Social, no quadro teórico das migrações, é muito importante para explicar a génese e a consolidação de determinados fluxos e destinos migratórios. O auxílio de familiares e amigos, estabelecidos no país de acolhimento, é decisivo para o potencial migrante definir o seu projeto migratório. Também para o desenvolvimento da cultura migratória no território de origem.

Neste estudo pretende-se analisar o efeito de uma rede migratória numa área de baixas densidades da Península Ibérica, e como veio alterar a paisagem local. E como poderá vir a ser relevante para a manutenção de estrangeiros em locais deste tipo, sobretudo no caso de áreas rurais em Portugal e Espanha.

Palavras-chave: rede social; migrações; rural; paisagem; Península Ibérica.

DOI: http://dx.doi.org/10.14195/978-989-26-1197-6_3

Abstract:

The theory of Social Nets/Social Capital, in the framework of theoretical approaches in migration issues, is very important to explain the beginning and the consolidation of some kind of flows and destinations. The help of family and friends, established in migration destination countries, is decisive to the potential immigrant define his migratory project. Even to develop a migratory culture in some territories and communities.

This study pretends to analyse the effect of a migratory network in a low density area of the Iberian Peninsula, and how it change the local landscape. And how it can be relevant to maintain and improve the presence of foreigners in such places in the case of rural areas in Portugal and Spain.

Princípios e pressupostos da Teoria das Redes Sociais

A OCDE (2009a, p.18-22, 81, 82; 2010, p. 20,21) estimava que no início do séc.XXI residissem nos seus países cerca de 82 milhões de imigrantes, prevendo que este número viesse a aumentar em décadas seguintes. São destacados três aspectos justificativos de tal tendência. Em primeiro lugar, a necessidade de população activa jovem, uma vez que os fracos níveis de natalidade e fecundidade dificilmente irão suprir o contingente necessário para as gerações serem renovadas. Em segundo lugar, a mobilidade estudantil e o incremento dos programas académicos de intercâmbio, farão com que o território da OCDE passe a dispor de um capital humano de excelência em termos de formação académica, o que pode ser entendido como uma vantagem "a explorar" pelos países receptores. Tal facto pode traduzir-se, por exemplo, numa política migratória de atracção deste contingente altamente qualificado. E por último, em terceiro lugar, o aumento do número de imigrantes irá reforçar e consolidar o papel das redes sociais de apoio à chegada de compatriotas. Em termos práticos, significa que a manutenção de determinados grupos alóctones no território, gerará movimentos associativistas (formais ou informais) que potenciarão o estabelecimento de canais destinados a facilitar a entrada de indivíduos da sua nacionalidade, mantendo assim fluxos e respectivos sistemas migratórios.

A Teoria das Redes Sociais, desenvolvida por autores como Thomas e Znaniecki, Douglas Massey, James Coleman e Pierre Bordieu, sistematiza e explica este pressuposto. As redes migratórias sociais definem-se como sendo um conjunto de relações que ligam os migrantes ou "retornados" com os seus parentes e amigos compatriotas. Podem-se materializar em formas de ajuda que facilitam e motivam a migração, por exemplo, através da assistência financeira na viagem, da acomodação em termos de residência, de contactos para obter emprego, entre outras situações. Além disso minimizam os custos e os riscos do processo migratório porque disponibilizam informação sobre o local de destino migratório, influenciando assim o processo de decisão, o que não quer dizer que esses dados sejam imparciais e correspondam no total à realidade.

Muitos migrantes efectuam a sua deslocação porque têm ligações com outros indivíduos que já o fizeram. Klagge e Klein-Hipass (2007, p.3-6) destacam a importância do capital humano - entendido a partir das competências e capacidades desenvolvidas pelo imigrante - e do capital social – as relações cooperativas estabelecidas pelo imigrante com outros actores ao nível financeiro, laboral, entre outros - quando aplicados no desenvolvimento dos locais de partida e de destino migratório. As redes têm portanto um efeito multiplicador, originando cadeias migratórias. Além de serem um meio que permite a valorização do capital humano e um importante elo de ligação entre o país de origem e o de destino, são microestruturas que geram, sustentam e consolidam sistemas migratórios.

Autores como Arango (2004, p.28) e Figueiredo (2005, p.44-45) destacam o auxilio prestado na inserção dos indivíduos no mercado de trabalho e na ajuda à resolução de problemas inerentes à realidade do país de acolhimento, o que reduz as dificuldades iniciais e posteriores. Tal dinâmica permite que, em certa medida, se explique a continuação dos fluxos migratórios fomentada por estas ligações, mesmo em momentos e locais onde tal parece ser pouco oportuno ou vantajoso para quem se desloca.

Pode inclusive gerar a tendência para um declínio da selectividade inicial sobre os indivíduos, o que torna difícil para os governos controlarem os fluxos, pois uma vez estabelecidas as redes, estas passam a ter um certo domínio sobre o processo migratório. E quando o Estado tenta intervir, aplicando uma política migratória mais intransigente, pode estar a contribuir para o desenvolvimento do mercado de tráfico humano, baseado em redes clandestinas (Massey et al, 1998, p.45).

Em parte esta teoria reconhece que a constituição de uma estrutura de apoio à migração, formada por compatriotas a viverem no país de destino, interfere ao nível da informação fornecida aos potenciais migrantes. Contudo, poderá haver o risco de se construir uma imagem territorial desfocada ou distorcida da realidade. Partindo do princípio que o indivíduo necessita de fazer uma escolha entre territórios, terá em conta os factores repulsivos do local de origem o qual conhece porque aí desenvolve actividades laborais, sociais, etc. Ao considerar a ida para um lugar que desconhece, ou pelo menos onde nunca desenvolveu estas actividades, tem em linha de conta os potenciais factores atractivos, assim como informações oriundas de terceiros ou de elementos da própria rede, que podem enfatizar as expectativas criadas inicialmente. Sobre esta questão, Fischer e Martin (1997, p.87) referem:

"The information passed is not necessarily a complete or neutral picture of the situation abroad. Provided the information conveys the impression that pioneer migrants are relatively successful, past migration accelerates further decisions to "go" (chain migration). Apparent failure of pioneer migrants, however, has the opposite effect."

Esta situação pode não ocorrer; contudo há que ter em atenção as condições de circulação da informação por condicionar a imagem territorial e comprometer o projecto migratório, se forem incutidas informações adulteradas sobre o contexto migratório.

Arango (2004, p.30) considera o papel das redes fundamental para a manutenção dos fluxos migratórios. Há outros factores que podem potenciar essa perpetuação espacio-temporal, como é o caso do desenvolvimento de uma cultura migratória no local emissor ou até mesmo a associação de empregos e funções destinadas aos estrangeiros. Este tipo de ciclo cumulativo acaba por alimentar os fluxos migratórios com destino a regiões/sectores económicos específicos, sendo que em determinados casos as migrações internacionais se conseguem sustentar por si mesmo, sem o apoio de redes. As causas também são cumulativas, no sentido em que cada acto migratório altera o contexto social adjacente, o qual por sua vez irá contribuir para influenciar as subsequentes decisões de migrar, visto que pode tornar o acto em si mais atractivo. Neste caso, contribuirá para construir uma imagem territorial positiva do local de destino. Assume-se assim que as migrações em massa não têm a sua evolução em forma de "∩" (haveria um momento de arranque; um aumento do fluxo; atingir-se-ia o clímax; posteriormente registava-se um abrandamento), mas antes em "S" (o fluxo iniciar-se-ia devagar para depois atingir o clímax).

Todavia, e embora alguns autores se refiram aos constrangimentos advindos da relação musculada entre os governos, as redes e os próprios imigrantes, nos seus princípios e pressupostos não é abordada a questão das redes clandestinas, que também é outra forma de organização dos fluxos. Massey (1998, p. 56,57) chama ainda a atenção para o facto do papel das redes sociais ser determinante na continuação dos fluxos migratórios, embora a actuação mais ou menos informal dos seus constituintes não colmate lacunas que são preenchidas pela existência de empresas de recrutamento que lucram economicamente com o tratamento do processo migratório.

A relação das Redes Sociais com as teorias e modelos migratórios

Os princípios da Teoria das Redes Sociais, também designada por Teoria do Capital Social, integram de forma transversal todo o quadro teórico no âmbito das migrações. A presença e organização dos indivíduos alóctones em território estrangeiro é tão importante, que a sua actuação acaba por explicar em parte o defendido em outras teorias e modelos nas migrações.

A Teoria das Causas Cumulativas desenvolvida por Myrdal e mais tarde por Massey, postula que ao longo do tempo as migrações internacionais, com a ajuda das redes sociais, têm tendência a se auto-sustentar e a se auto-perpetuar, porque o estabelecimento de um fluxo migratório obriga à alteração da realidade existente quer no local de origem, quer no local de destino. Mas este último autor reconhece que o efeito multiplicador das redes é limitado, caso contrário os fluxos tornar-se-iam exponenciais e infinitos. Todos eles, regulares e irregulares, têm um fim, ou pelo menos um abrandamento, mesmo com a presença da rede de compatriotas, basta que haja a intervenção da política imigratória (menos permissiva) ou, tão ou mais importante, a alteração das condições económicas ou a redução dos postos de trabalho para imigrantes no destino migratório.

No âmbito da *Teoria da Atracção-Repulsão*, onde a mobilidade é explicada pela negatividade do local de partida e pela positividade do local de chegada, as redes sociais, à partida, podem auxiliar os indivíduos do ponto de vista imaterial, na perpetuação da imagem territorial dos dois pólos. Materialmente, ao reduzir os riscos associados à viagem, também estão a criar canais de circulação. Contudo Lee, crítico e reformulador da teoria nos anos 60 do séc.XX, refere que a linearidade da migração se vê comprometida pela existência de obstáculos, os quais as redes nem sempre conseguem superar, nomeadamente os que dizem respeito às condições/decisões individuais. Caso não haja uma forte cultura migratória, ou a comunidade/grupo familiar não tenha peso suficiente no processo decisório do migrante, mesmo havendo redes migratórias consolidadas no país de destino, pode não se verificar a migração.

Segundo a *Escola Neoclássica*, que encara os movimentos migratórios com base na diferença salarial entre regiões, os fluxos cessariam quando estas iniquidades se deixassem de verificar, ou seja, quando fosse real o equilíbrio salarial entre o local de origem e o local de destino migratório. Todavia, também se assume que isso nem sempre acontece, sendo que as migrações podem continuar, mesmo em situações de aproximação de salários entre a região de partida e de chegada. Essa situação tem como base a actuação das redes sociais, que com o tempo se consolidam no território, promovendo as deslocações, pois deixam abertos canais de mobilidade que podem implicar a continuidade dos fluxos no tempo e no espaço. Esta ideia é corroborada por De Haas (2011, p.9), que destaca o facto de a teoria não conseguir explicar situações em que ocorrem movimentos migratórios entre territórios onde na realidade não ocorrem diferenciais de salários.

Uma das que dá mais ênfase ao migrante é a *Teoria do Capital Humano*, que procura dar resposta a uma das críticas colocadas à Teoria da Atracção-Repulsão, ao tentar explicar porque é que alguns indivíduos têm mais propensão para migrar, comparando com outros que nas mesmas condições não o fazem. Partindo deste princípio, tenta perceber a causa das migrações, considerando que a educação está no cerne das motivações (Rocha-Trindade, 1995, p.77). As migrações são entendidas como uma forma de investimento em capital humano, onde os indivíduos procuram maximizar o período de tempo de usufruto do retorno desse investimento, nomeadamente através da valorização em termos de formação profissional (Figueiredo, 2005, p.29, 32). Significa que os mais jovens têm por isso mais propensão para migrar, com o objectivo de completarem a formação académico-profissional e como forma de adquirir mais conhecimentos ao longo da vida. Esta teoria realiza uma abordagem que destaca o papel do migrante como agente promotor das próprias migrações, mas também as redes sociais. Massey (1998, p.42) enfatiza o contributo de Glenn Loury, economista que introduziu o conceito de "capital social" para designar um conjunto de recursos inatingíveis nas famílias e comunidades que ajuda a promover o desenvolvimento social, principalmente entre os mais jovens. Refere-se ainda a Bordieu e Wacquant que o definem como sendo o somatório de recursos (reais ou virtuais) que podem ser possuídos individualmente ou por um grupo, os quais resultaram do conhecimento e das relações estabelecidas com redes mais ou menos institucionalizadas.

Os princípios da *Teoria do Mercado de Trabalho Segmentado* também se relacionam com os pressupostos das redes sociais. Considera que os imigrantes menos qualificados tendem a trabalhar em sectores laborais "secundários" no país de destino migratório, o qual disponibiliza empregos e funções preteridas pelos nacionais (duras, mal pagas e pouco reconhecidas do ponto de vista social). Nesta lógica pode-se assistir à criação de nichos de mercado para estrangeiros, que se tornam atractivos para os potenciais migrantes, visão esta estimulada pelas redes sociais, que encontram nesta disponibilidade de postos de trabalho específicos uma forma de facilitar e mitigar os custos e riscos migratórios. Além disso, a formação de enclaves étnicos, económica e geograficamente definidos pela concentração de serviços específicos da comunidade alóctone em causa, pode exigir a presença de mão-de-obra conterrânea para trabalhar em áreas específicas, por exemplo no comércio. Mais uma vez, na lógica anterior, as necessidades individualizas do mercado de trabalho acabam por justificar e consolidar os canais migratórios estabelecidos pelas diversas comunidades estrangeiras a residir nos destinos migratórios.

Por fim, a *Teoria dos Sistemas Migratórios* têm uma visão de síntese ao apresentar uma abordagem transdisciplinar, já que concebe a interacção de factores micro--estruturais (redes sociais, cultura migratória, etc.), meso-estruturais (mecanismos de interação entre os factores "micro" e "macro", por exemplo, as redes organizadas de recrutamento de imigrantes – formais e informais) e macro-estruturais (conjuntura económica e política mundial, relações entre Estados, políticas migratórias dos países, etc.). Destaca assim o papel do capital social como coadjuvantes no processo de decisão da escolha dos territórios de destino migratório.

É com base nestes pressuposto que irá ser apresentado um estudo de caso numa região de baixas densidades, onde se destaca a importância das redes sociais na estruturação geográfica do projecto migratório dos estrangeiros que aí se fixaram.

A influência das Redes Sociais na geografia dos fluxos migratórios: o caso de um território de baixas densidades

O papel das redes sociais tem sido decisivo para a continuidade dos fluxos migratórios em locais de tradição imigratória, mas também definem novas geografias das migrações, abrindo canais de circulação noutro tipo de territórios. Foi o que se constatou no estudo de caso em análise, uma região transfronteiriça de baixas densidades na Península Ibérica, na Sub-Região do Alto-Alentejo em Portugal (concelhos de Castelo de Vide, Marvão, Portalegre, Arronches, Monforte, Elvas e Campo Maior) e de Badajoz em Espanha (comarcas de Alburquerque e Badajoz).

Inicialmente, a partir da observação empírica e da análise de dados estatísticos, constatou-se que apesar deste território apresentar um carácter repulsivo para os nacionais, que tendem a sair para residir e trabalhar em áreas urbanas, se considerava atractivo para determinados contingentes de estrangeiros que aí se têm fixado. O que torna esta região atractiva para os alóctones? Como se tem materializado a actuação redes sociais no estabelecimento dos imigrantes neste(s) local(is) de ambos os países?

No sentido de dar resposta a esta e a outras questões, foi inquirida uma amostra de 280 imigrantes - 140 dos questionários aplicados em Portugal, o mesmo número em Espanha[1]. Apresentar-se-ão as principais conclusões referentes ao contexto de reflexão proposto, por isso será enfatizado a importância do papel das redes sociais na abertura de canais de circulação migratória nesta região específica do sul da Europa.

Mapa 1. Delimitação da área de estudo na Península Ibérica
Fonte: Velez de Castro (2014)

No que diz respeito à origem dos imigrantes, tanto no território espanhol como no português, prevalecem os fluxos europeus, com destaque para os originários

---

[1] Referente ao universo de 7.786 estrangeiros registados (2008), segundo o SEF (Portugal) e dados da Fundación La Caixa (Espanha).

de países da União Europeia. Nos concelhos portugueses em estudo este valor é mais elevado, constituído sobretudo por indivíduos oriundos da Moldávia, Ucrânia (países extra UE), Roménia, Bulgária, seguido de Espanha, e depois do Reino Unido e da Alemanha (países da UE). Destaca-se também o contingente do Brasil no contexto americano, assim como de Angola no contexto africano. No asiático os originários da China têm uma presença quantitativa mais forte, embora estejam presentes imigrantes do Bangladesh. No caso espanhol não foi possível uma desagregação tão completa por nacionalidades, porém destaca-se o contingente de oriundos da União Europeia, sobretudo da Roménia e do Reino Unido, assim como de Marroquinos no contexto africano. No contexto americano não foi possível aferir as nacionalidades dominantes. Para o caso asiático refira-se que este é praticamente inexistente nos municípios pertencentes à comarca de Alburquerque, pelo que o registo da sua presença é mais notório nos municípios da comarca de Badajoz. A este facto não será alheia a estrutura funcional do comércio e serviços deste centro urbano.

Verifica-se um relativo equilíbrio de géneros embora, em termos gerais, se note uma ligeira predominância do sexo feminino (52,5%) face ao masculino (47,5%). A média de idades é de 40 anos; em Portugal, a média de idades considerada (43,5 anos) foi maior do que em Espanha (37 anos), o que se pode explicar pelos condicionalismos da própria amostra, mas também pode indicar a presença de populações diferentes de cada lado da fronteira: em território espanhol uma população imigrante mais jovem, em território português uma população imigrante mais envelhecida. Tal facto poderá estar relacionado com a tipologia das origens presentes e com a própria dinâmica demográfica interna dos grupos em questão. A presença de muitos imigrantes da Europa do Norte e do Centro nesta região do Alentejo, os *lifestyle migrants*, em especial nos concelhos de Marvão, Castelo de Vide, Portalegre e Arronches (na área correspondente à serra de São Mamede), que procuram o país para residir, trabalhar ou gozar a reforma já em idades mais avançadas, por um lado contribui para o aumento da média etária da amostra, por outro mesmo que tenham filhos, o que poderia colmatar esta dinâmica de envelhecimento, os mesmos raramente acompanham os pais na migração, excepto nos casos em que ainda são menores de idade.

Pela análise do estado civil, percebe-se que se trata de uma migração tendencialmente familiar, já que cerca de 60% dos inquiridos afirmaram ser casados ou estar a viver em união de facto. Dos casos de viuvez ou separação – 11,1% – ou dos que afirmavam ser solteiros – 28,9% – alguns assumiram relacionamentos de carácter informal. Neste caso, a situação é semelhante nos inquiridos portugueses e espanhóis.

Quase metade da amostra (41,7% dos inquiridos) tem formação académica pós-secundária e 27,9% concluiu o ensino secundário. Ainda assim 8,9% dos inquiridos afirmou não ter terminado o ensino primário ou frequentado qualquer grau de ensino. Uma análise por nacionalidades, permite perceber que em Espanha foram alguns elementos do grupo dos africanos e da UE27 (romenos) que afirmaram não ter frequentado ou concluído o nível académico mais elementar, assim como em Portugal tal aconteceu no caso de dois brasileiros. Mas este fenómeno é muito raro face à tendência geral, que é a de que os imigrantes que residem no território em estudo apresentem um elevado nível de qualificação académica. No caso espanhol, embora se tenham verificados graves lacunas escolares no grupo dos africanos, também se constatou que 24,6% dos inquiridos tinham concluído o ensino secundário e 42,2% tinha formação académica superior. No grupo da América Central/Sul estes valores aumentaram para 49,9%, sendo que nas nacionalidades da UE27 o número de indivíduos com formação académica superior é de 68,7%, embora no grupo de imigrantes europeus extra-UE27 os valores diminuam para 28,5%. No caso português os números alteram-se no que diz respeito ao grupo dos africanos, sul-americanos e também nos asiáticos, cujas qualificações académicas se centram entre o primeiro/segundo ciclo do ensino básico e o ensino secundário. No grupo dos imigrantes originário da Europa o cenário é diferente porque 41,4% refere ter concluído o ensino secundário, enquanto 44,2% tem formação superior. Em termos de educação superior, verifica-se a existência de indivíduos formados no ramo das humanidades; em formação de professores; em medicina, serviços de saúde e enfermagem; em direito e estudos jurídicos. Também se destacam casos de formação em artes; em engenharia, arquitectura, planeamento e indústria; em agricultura e silvicultura; em ciências, matemática e informática; em economia, comércio, administração, gestão e contabilidade;

em estudos sociais e do comportamento, administração pública, media, cultura, desporto e lazer; veterinária e engenharia agrónoma.

No que concerne à situação perante o trabalho, constatou-se a prevalência de trabalhadores por conta de outrem, quer no caso português, quer no caso espanhol (53,9% dos inquiridos), face aos que revelaram exercer uma actividade por conta própria (16,8% dos inquiridos) e ainda no grupo da população activa 9,6% confirmou estar desempregado.

No grupo da população inactiva, verificou-se que 6,4% são estudantes, 2,5% domésticas e de 9,3% reformados. Em Espanha constatou-se que nas comarcas em estudo havia uma maior prevalência do sexo feminino (93%) como trabalhadoras por conta de outrem, do que no sexo masculino (70,7%), o que pode ser associado ao facto de haver um grande número de mulheres a trabalhar em serviços públicos ou privados diversos (por exemplo na saúde, ensino, administração, etc, mas com patrão), com destaque para os serviços de limpeza, serviços domésticos e a prestação de cuidados a idosos e crianças. Em contrapartida existem mais homens como trabalhadores por conta-própria (29,3%) do que mulheres (7%). Sobressaem os pequenos comércios dos magrebinos e dos chineses, sendo que estes últimos são uma comunidade que se dedica quase exclusivamente (a par da restauração) a este sector de actividade.

Nos concelhos portugueses em estudo, verificou-se uma tendência contrária. Uma maior prevalência de mulheres a trabalhar por conta-própria (34,8%, em relação a 27,8% dos inquiridos masculinos) do que por conta de outrem (65,2%, em relação a 72,2% dos inquiridos masculinos). Esta tendência pode ser explicada pelo facto de existir um grupo de mulheres, especialmente do grupo originário da UE (*sun-seekers*), em que algumas delas gerem negócios a par com os maridos/companheiros na área da agricultura ou do turismo. Outras exercem profissões liberais (por exemplo como dentista ou escritora de guias turísticos) ou então estão ligadas a outras situações mais pontuais (empresária de restauração, artesã, etc), mas que estão incluídas no cômputo dos imigrantes que resolveram "arriscar" numa actividade onde tiveram de investir, para serem "patrões de si mesmo", como foi referido por alguns inquiridos.

A influência das redes sociais na abertura e consolidação de canais migratórios para regiões de baixas densidades

Tendo em conta o perfil dos imigrantes inquiridos, os quais constituem um contingente indicativo do universo estrangeiro a residir e a trabalhar na região estudada, e face aos resultados obtidos com o questionário por inquérito, constatou-se que a actuação das redes sociais foi decisiva em determinados momentos do projecto migratório. Em jeito de epítome, serão apresentadas as principais áreas de actuação, assim como será discutida a actuação, dinâmica e efeitos do capital social sobre as comunidades imigrantes e o território.

a) Chegada ao país de destino migratório, fixação no concelho/município actual de residência

Aquando da aplicação dos questionários, muitos dos inquiridos admitiram ter migrado para a região em causa pela presença de amigos e familiares já fixados no local, com capacidade de ajudar na viagem e instalação. Registe-se que essa foi a segunda causa mais referida para a escolha de Portugal e Espanha como destino migratório. Um terço da amostra referiu ter outros parentes a residir no país (irmãos, primos, cunhados, sobrinhos, ex-cônjuges) que auxiliaram ou pelo menos influenciaram a escolha do destino migratório.

A questão da reunificação familiar ou acompanhamento da família também é outro aspecto que se reveste de uma grande importância, pois impulsiona não só a saída do país de origem, como também a entrada no país de destino migratório. Trata-se de um factor comum a todos os grupos inquiridos, em particular referido pelas mulheres ou filhos que se juntaram ao cônjuge/pai num momento posterior ao processo migratório inicial.

Neste ponto há a destacar dois aspectos que, a par dos enunciados, parecem fundamentais para explicar as motivações de entrada dos imigrantes em Portugal/ Espanha, e que estão ambos inter-relacionados. O primeiro relaciona-se com a existência de amigos/familiares que ajudaram no processo migratório, o que indica a presença de comunidades consolidadas no território em estudo, os quais já estabeleceram canais de entrada de compatriotas. Tal facto confirma a importância das redes sociais no cenário migratório internacional, que neste caso concreto são indicadas como um dos factores decisivos para a escolha destes destinos migratórios.

É provável que perante esta dinâmica sócio-migratória, os inquiridos tenham ganho competências para o segundo aspecto verificado, ou seja, uma abordagem geográfica regional com maior confiança, na medida em que a maioria dos inquiridos afirmou que estes neste países era "fácil entrar", sendo que alguns até consideraram a posição geoestratégica dos mesmos favorável, servindo como "porta de entrada para a Europa". Não quer dizer que na realidade isto tenha acontecido ou venha a ocorrer, já que os inquiridos acabaram por admitir que esta era uma ideia que tinham antes de chegar aos países em questão. Para desmistificar esta tentativa, em muito contribuiu o facto da regularização, na maior parte dos casos, ter sido bastante morosa, além das vicissitudes de estabilização da vida profissional/familiar e da eminente crise económica, factores que abrandaram de facto esta (possível) vontade de empreender outra migração.

À escala local, a opção por residir/trabalhar nos concelhos/municípios em questão teve como motivo primeiro uma forte componente laboral, ou seja, os imigrantes que se estabeleceram fizeram-no porque foi neste território da raia ibérica que encontraram emprego ou pela existência de condições favoráveis ao estabelecimento de um negócio por conta própria (comércio, turismo, etc.). Mas a escolha também esteve relacionada com a existência de uma embrionária rede social de cariz familiar que influenciou de forma decisiva a geografia do projecto migratório à escala local, tendo este sido o segundo motivo mais apontado. Outros factores foram ainda referenciados – perspectiva de vida hedonista e ruralofílica, qualidade ambiental, clima, tranquilidade, segurança, preço adequado dos terrenos/casas/rendas das habitações – embora a presença de familiares e conterrâneos tenha especial destaque. No caso dos *sun-seekers*, quase todos sem família a residir na área de estudo, a decisão pela escolha do destino migratório local deveu-se ao "passa-palavra" de alguns amigos que já aí residiam ou nas imediações.

O papel da comunidade local em relação com as redes sociais também se revelou importante. Noutro ponto do questionário, quando foi pedido aos inquiridos para quantificarem o seu grau de integração no concelho/município de residência actual (de 0-nada integrado a 10-totalmente integrado), registou-se o valor médio de 6,8 (7 em Portugal e 6,7 em Espanha). A justificação dos resultados centrou-se não só processo de acolhimento da comunidade autóctone, como também na existência de amigos e familiares da mesma nacionalidade que ajudaram os imigrantes a se integrar no território.

Em suma, constata-se a existência de grupos de estrangeiros que, de maneira informal, estão a promover a abertura e manutenção de canais migratórios a conterrâneos, mitigando os riscos da deslocação e auxiliando na instalação.

b) Auxilio à entrada/regularização no país

Constatou-se que 73,9% dos inquiridos entraram nos respectivos países como imigrantes legais e 26,1% como imigrantes indocumentados. Aliás, na chegada ao país de destino, 65% dos imigrantes em Espanha referiu estar em situação legal, enquanto esse número para Portugal ascendeu aos 82,9% de inquiridos, em contraposição com os 35% que afirmaram que no momento de entrada e nos primeiros tempos de permanência em Espanha estavam em situação ilegal, o que ocorreu com 17,1% dos inquiridos em Portugal.

Dos inquiridos em situação legal cerca de metade (48,2%) tinha autorização de residência, enquanto 22,5% era cidadão europeu e 8,9% tinha dupla nacionalidade. A restante amostra estava em situação diferenciada: 6,8% dos inquiridos em situação legal tinham estatuto de residência de longa duração da UE; 3,2% visto de estada temporária; 3,2% visto de residência; 2,9% requereram autorização de residência; 1,8% estatuto de refugiado; 0,4% visto de residência. Numa análise territorial por grupo de imigrantes não se encontra à partida grandes diferenciações, embora se exceptue o caso do estatuto de refugiado, que é uma situação da exclusividade dos africanos originários do Sahara Ocidental, que pela situação política do seu país, têm vindo a requerer asilo a

Espanha, ainda na base dos laços histórias estabelecidos no contexto de colonização e de pós-colonização. No momento da aplicação do questionário (final de 2010/início de 2011), apenas 1,8% da amostra se encontrava em situação irregular, o que em termos absolutos correspondia a 5 inquiridos.

Vários agentes auxiliaram os inquiridos a regularizar a permanência, tendo-se constatado duas tendências. A primeira está relacionada com a importância das redes familiares e de compatriotas do país de origem para estes imigrantes, não só porque ajudam a diminuir os custos e os riscos da imigração, como também auxiliam a integração do imigrante na comunidade de chegada, como já se constatou. Esta atitude de colaboração para que o indivíduo consiga o estatuto de imigrante legal é uma forma de transmitir segurança à comunidade local, revelando que, à partida, as suas intenções "são boas", e que pretende não só usufruir dos direitos que são comuns nalguns casos aos nativos, como também cumprir os respectivos deveres cívicos e institucionais.

A segunda situação está ligada com a importância das autoridades locais para a regularização dos imigrantes (CLAI – Centros Locais de Apoio ao Imigrante, em Portugal; SEIE-Secretaria de Estado da Emigração e da Imigração, em Espanha; SEF-Serviço de Estrangeiros e Fronteiras, em Portugal), evitando a deslocação a determinados locais mais distantes (capital dos países, por exemplo). Quando é referido o recurso a estes mesmos organismos noutro ponto do país, isto ocorre sobretudo nos casos de imigrantes que não tiveram como destino primeiro o concelho/município onde agora vivem, por isso a sua regularização ocorreu em Lisboa/Porto, Madrid/Barcelona, ou noutros pontos do território onde já tinham residido (por exemplo, Setúbal, no caso português, ou Valência e Múrcia no caso espanhol).

Destaque-se a importância das associações de imigrantes, principalmente em Espanha, que funcionam na lógica das redes sociais. Porém o que parece diferir é o facto da rede ser um elemento fulcral da migração desde o momento em que esta é pensada e iniciada, enquanto que a associação é um organismo que tende a ser conhecido/contactado já depois da instalação do imigrante no país de destino imigratório.

A entidade patronal, assim como a comunidade autóctone (vizinhos e amigos), também foram destacados, o que já evidencia uma tendência de acolhimento por parte do território receptor.

Uma análise por grupos de inquiridos permitiu concluir que nos agentes auxiliadores do processo de regularização, sobressai o papel da família e dos compatriotas residentes no país de destino no grupo dos africanos portugueses e espanhóis, assim como nos asiáticos. Nos originários de países centro/sul--americanos nas comarcas em estudo, destacou-se o papel da SEIE, assim como nos originários de países extra-UE27 em Portugal a importância do SEF. No caso dos sul-americanos neste último país, além do organismo referido, volta a ganhar importância a rede social familiar como coadjuvante do processo.

c) Obtenção de emprego e situações de desemprego

Uma análise por grupos permite identificar que em todos eles prevalece a forma de obtenção de emprego através de familiares/amigos do país de origem, tendência essa já referida, porém há ligeiras diferenciações ao nível territorial. No caso dos africanos, os amigos espanhóis e o contacto directo com os empregadores do país de chegada também assumem um papel importante. Já com os centro/sul-americanos o papel dos conterrâneos destaca-se de forma mais evidente dos outros grupos de imigrantes. No grupo dos europeus prevalece a tendência geral já indicada, embora nos originários de países extra-UE27 alguns tenham referido que este processo tinha resultado de uma iniciativa própria.

Em Portugal o papel dos familiares/amigos do país de origem dos imigrantes perde preponderância, embora no grupo dos asiáticos esta tendência permaneça, em prol do auxílio dado pelos amigos/conhecidos portugueses, que é mais frequente do que no território espanhol em estudo, como foi referido pelos inquiridos. No caso dos africanos ganha importância o papel dos amigos portugueses, assim como dos empregadores desta nacionalidade, o que pode ser explicada pela permanência há mais tempo destes imigrantes no território em estudo.

Destaque-se que os imigrantes de origem extra-UE27 têm a sua busca de emprego relacionada com a procura por parte de patrões portugueses, o que acontece também com os imigrantes de países da UE27, em especial búlgaros e romenos, fruto da imagem positiva que detêm junto ao patronato português desta região, que os entendem como indivíduos trabalhadores e que por isso têm tendência a apresentar níveis de produtividade muito satisfatórios.

Nos *sun-seekers* prevalece a iniciativa própria, aqui entendida num limiar mais restrito. De uma forma lata, pode-se considerar que se tratam de iniciativas próprias, uma vez que o imigrante é o impulsionador primeiro da sua migração, mesmo que seja influenciado por factores externos (pela cultura migratória do local de origem, pelos exemplos positivos dos que emigraram, etc.). É ele que tem o poder de decidir, embora possa implicar um aval familiar/comunitário. Neste caso, o que se admite é que próprio imigrante estrutura o seu projecto de emprego, encontrando pontos de contacto e estratégias para concretizar as suas ideias sem ajuda directa de agentes externos (redes sociais, empregadores do país de chegada, etc.).

As diferentes propensões identificadas nos grupos reflectem a dinâmica interna dos mesmos, a sua relação com o mercado de trabalho, com a população nativa e os compatriotas, a qual se revelou bastante forte e ainda numa relação de complementaridade. De qualquer forma, não se deve descurar por um lado o papel do território receptor, onde os diversos intervenientes auxiliam no processo, desde os amigos/conhecidos até aos patrões do país de chegada, e por outro a própria iniciativa individual do imigrante, quando lidera o processo de procura de emprego sozinho, revelando uma relação de índole positiva com a sociedade receptora que aceita e integra estes estrangeiros no mercado de trabalho, considerados como uma mais-valia.

Foi também analisada a questão do desemprego, sendo a taxa da amostra de 12%. Atente-se que em termos geográficos, o fenómeno é relativamente similar em ambos os países em estudo. Nos municípios espanhóis em estudo os níveis de desemprego eram mais elevados (55,6%) do que nos concelhos portugueses (44,4%). Porém, em ambos os casos, parece existir uma maior prevalência dos níveis de desemprego nas sedes de freguesia ou nas cidades, do que nas freguesias/comarcas rurais em especial no caso português. Este facto pode estar relacionado com a concentração dos imigrantes nos espaços urbanos (cidades de Badajoz, Portalegre e Elvas), assim como nas sedes de concelho, o que conduz a uma maior pressão no próprio emprego imigrante, daí o maior predomínio destes casos.

Uma análise por sexo permite perceber que há diferenças territoriais marcantes, isto é, no território de estudo espanhol, 53,3% dos desempregados eram do sexo feminino, em contraposição a 46,7% do sexo masculino. Já no caso português verificou-se o inverso, sendo o contingente desempregado do sexo masculino mais elevado (66,7%), do que o do feminino (33,3%). Tendo em conta todos os indivíduos activos da amostra, também se observou que 39,4% estavam ou já tinham estado desempregados desde que entraram em Espanha/Portugal. Para 60,6% tal não tinha acontecido. Dos que referiram estar ou já ter estado desempregados, 90,9% referiram ter ocorrido no concelho/município onde agora residem, sendo que 9,1% afirmou que a situação de desemprego tinha ocorrido fora dos mesmos. Tal facto parece ser mais comum entre indivíduos do sexo masculino, no caso espanhol, no contingente africano e centro/sul-americano, enquanto que em Portugal a mesma tendência se verifica com o grupo sul-americano e dos originários europeus de países extra-UE.

Tomando como exemplo os asiáticos ou os europeus da UE (referente a *lifestyle migrants*) os valores de desemprego são praticamente inexistentes, o que se pode associar ao espírito de empreendedorismo. Conclui-se que parece haver, à primeira vista, uma maior vulnerabilidade laboral naqueles que trabalham por conta de outrem e que estarão mais expostos às oscilações do mercado de trabalho. O motivo do desemprego na maior parte dos casos justificou-se pela não renovação dos contratos de trabalho, assim como pela redução de pessoal e dispensa de trabalhadores motivado pela falência das empresas onde trabalhavam. A falta de pagamento de ordenados e casos de maus-tratos e exploração também foram referenciados, aliado a situações de irregularidade quanto à permanência nestes países de chegada. A rescisão voluntária também foi um motivo apontado, embora se tenha manifestado como situação mais esporádica. Este facto é similar em todo o território de estudo.

Quando questionados sobre o modo de subsistência no momento de desemprego houve duas orientações que se revelaram pertinentes. Do contingente de imigrantes desempregados, 67,6% auto-suporta-se/suportou-se materialmente nesse período (com recurso às poupanças, por exemplo), enquanto 32,4% dependem/dependeram do subsídio de desemprego.

Isto significa que a maior parte não incorre em despesa para o Estado, seja porque uma situação de ilegalidade prévia que não o permitiu, seja porque houve mecanismos no próprio despedimento que o impediram. Dos que referiram não depender do Estado para (sobre)viver em período de desemprego, 43,4% referiu estar a cargo da família ou a ser ajudados por amigos, resposta comum aos inquiridos africanos e centro-sul americanos em Espanha, assim como aos sul-americanos em Portugal; 14,4% afirmou desempenhar tarefas precárias/ informais ("biscates"). Em suma, a grande maioria dos inquiridos não está/estive a beneficiar do subsídio de desemprego, não comportando qualquer sobrecarga para o Estado. Nestes casos as redes sociais, sobretudo a família, ocuparam e ocupam um papel central no sustento destes imigrantes, incentivando-os permaneçam neste território na espera de novas oportunidades de emprego.

d) Perspectiva de permanência no território

Neste âmbito foram realizadas questões directas aos inquiridos, tendo em conta três escalas de análise. Na primeira foi indagada a intenção de regresso ao país de origem, pelo que 39,6% dos inquiridos não o pretende fazer, 35% ainda não sabe e 25,4% indicou que quer voltar. De todos os grupos em análise, os centro/sul-americanos nas comarcas em estudo foram aqueles que manifestaram mais interesse em regressar. Em ambos os países também os originários de países da UE27 manifestaram esta tendência, tendo os *sun-seekers*, sobretudo os indivíduos reformados, afirmado que gostariam de estender a sua permanência ao máximo no território em estudo. São as suas limitações de saúde, características de idades avançadas, que estão a pôr em causa essa intenção.

A segunda escala em análise também foi de carácter extra-nacional, porém particularizou-se o país em si, tendo sido questionado se pretendiam sair de Portugal ou Espanha com o objectivo de emigrar para outro país. Verificou- -se que 63,2% dos inquiridos respondeu que não, que pretendia continuar o processo imigratório nos países em estudo, sendo que 26,8% se encontram indecisos. Apenas 10% afirmou querer efectuar/continuar o processo migratório noutro país que não Portugal e Espanha, tendo-se destacado com esta intenção o grupo dos africanos nas comarcas em análise, assim como o grupo de outros originários da UE27 em Portugal. Quando questionados sobre os destinos pretendidos, foram referidos países de tradição imigratória – Alemanha, Reino Unido, França, Suíça, Canadá, Estados Unidos da América – assim como outros – Itália ou a Noruega, Portugal (no caso de inquiridos a residir em Espanha) e Espanha (no caso de inquiridos a residir em Portugal).

A terceira escala em causa restringiu-se ao nível regional/local, nos próprios países, tendo sido perguntado aos inquiridos se pretendiam sair do concelho/município onde actualmente residiam, para se fixarem noutro concelho/município do país. Neste caso 56,8% dos respondentes referiram não ter intenção de o fazer, assim como 28,6% ainda não o sabe, sendo que apenas 14,6% afirmaram pretender ir residir noutro concelho/município do país.

Nesta análise é de destacar dois pormenores de interesse. O primeiro diz respeito à diferenciação nacional. Em Portugal 70,7% dos inquiridos pretende permanecer no concelho em que reside, enquanto em Espanha esse valor diminui para os 42,9% de inquiridos. Em contraposição de leitura, em Espanha há mais imigrantes com intenção de migrar dentro do próprio país (22,1%) do que em Portugal (7%).

O segundo aspecto leva a constatar que, a uma escala local, são os africanos e os centro/sul-americanos a residir na cidade de Badajoz, que pretendem ir residir/trabalhar para outras regiões espanholas. Ou seja, sendo Badajoz o centro urbano regional de maiores dimensões do estudo, uma cidade que apresenta mais perspectivas de ofertas de trabalho, educação, serviços de saúde, de lazer, entre outros, do que o território adjacente em estudo, não se esperaria à partida que houvesse uma tendência marcada de saída destes imigrantes. Aliás, todos os outros inquiridos na comarca de Alburquerque, assim como a grande maioria dos imigrantes a residir nos concelhos portugueses, afirmou com veemência que pretendia permanecer no local de residência em causa.

As motivações indicadas para a saída do concelho/município são as mesmas indicadas para a saída do país, devendo-se para estes dois planos destacar a importância das redes sociais de entreajuda, as quais desempenham um papel muito importante não só na própria construção da imagem territorial junto do potencial migrante, como também de auxilio à migração pela minimização dos custos e riscos inerentes ao processo em si. No que diz respeito à questão da permanência é de referir que os imigrantes foram questionados indirectamente sobre o tema, quando se tentou perceber se a imigração tinha sido logo de início realizada com o acompanhamento da família, ao que 50,4% dos inquiridos responderam quem sim, sendo que 11,4% indicaram que já tinham procedido ao reagrupamento familiar. Dos 38,2% que responderam terem efectuado uma migração individual e continuarem neste estado, a grande maioria, salvo raras excepções, confirmou que era seu objectivo reunir o núcleo familiar mais próximo (cônjuge e filhos, embora também tivesse havido referência a casos de pais/sogros e irmãos/cunhados) no concelho/município de residência actual.

Tal tendência pode indicar que, mesmo que haja intenção de retorno, este deverá verificar-se a longo prazo, já que a vinda da família mais próxima implica um investimento que parece ser demasiado dispendioso, do ponto de vista material e imaterial, para ser apenas temporário. Questiona-se deste modo se a vinda do agregado familiar mais próximo por si mesmo pode gerar a fixação dos imigrantes na área de estudo, o que é válido. Porém, das observações realizadas pelos inquiridos, o que sobressai é que a vinda da família implicará um período de adaptação à nova realidade, a qual será efectuada no concelho/município em causa. Para alguns, como já foi observado, pode haver a intenção de uma posterior migração para as regiões mais urbanizadas e com mais oferta de emprego em Portugal/ Espanha, ou então para outras regiões indicadas, porém o que fica claro é que a intenção de emigração à escala internacional é tendencialmente mais indicada pelos migrantes que se encontram sozinhos, sem agregado familiar constituído, ou então por aqueles que têm uma rede social de apoio para realizar a deslocação.

Conclusão

A influência das redes sociais no panorama migratório, da escala global à escala local, revela-se de extrema importância no processo de decisão, de deslocação e de permanência dos indivíduos nos territórios de destino migratório.

Do ponto de vista teórico, verificou-se que os princípios e pressupostos da Teoria das Redes Sociais se relacionam transversalmente com as linhas de actuação defendidas pelas principais teorias e modelos migratórios. O apoio associativo (forma ou informal) de migrantes a conterrâneos que desejem efectuar a sua migração, funciona como um ponto de apoio fundamental para a estruturação e prossecução do projecto migratório. Daí que se explique a formação e manutenção de determinados canais e fluxos de migrantes, assim como a consolidação de sistemas migratórios que, pela permanência territorial e temporal, evoluam para a situação/estatuto de diásporas.

Do ponto de vista prático, constatou-se que a presença de imigrantes num território ibérico interior, de baixas densidades, com um carácter aparentemente repulsivo para os nacionais, em muito se deveu à actuação de embrionárias redes sociais (embrionárias) de apoio à migração. Na relação entre os dois planos, conclui-se que não existe uma diferenciação concreta relativamente a comunidades específicas, isto é, independentemente das habilitações literárias, do perfil profissional, de experiências migratórias anteriores ou da facilidade em aceder a territórios (do ponto de vista burocrático ou monetário), todos os migrantes revelam que o suporte das redes sociais, seja material ou imaterial, é de grande importância tanto para ultrapassar os obstáctulos da deslocação e estabelecimento no país/local de destino, como para o sucesso do projecto migratório.

Bibliografia

Arango, J. (2004). Theories of international migration. In Joly, D. (Ed.). *International migration in the new millennium. Global movement and settlement.* Reino Unido: Ashgate, 15-120.

Comissão Mundial sobre as Migrações Internacionais (2005). *As migrações num mundo interligado: novas linhas de acção. Relatório da Comissão Mundial sobre as Migrações Internacionais.* Lisboa: Fundação Calouste Gulbenkian.

De Hass, H. (2011). *The determinants of International migration. Conceptualizing policy, origin and destination effects.* Reino Unido DEMIG project paper nº2, University of Oxford.

De Wind, J.; Holdaway, J. (2008). Internal and international migration and development: research and policy perspectives. In IOM. *Migration and Development within and across borders. Research and policy perspectives on internal and international Migration.* Genebra e Nova Iorque: International Organization for Migration, The Social Science Research Council.

Figueiredo, J.M. (2005). *Fluxos migratórios e cooperação para o desenvolvimento. Realidades compatíveis no contexto Europeu?* Lisboa: Alto-Comissariado para a Imigração e Minorias Étnicas.

Fischer, P.A.; Martin, R. (1997). Interdependencies between development and migration. In Hammar, T.; Brochmann, G.; Tamas, K.; Faist, T. (Eds.).*International migration, immobility and development. Multidisciplinary perspectives.* Nova Iorque: Berg.

IOM (2008). *Migration and Development within and across borders. Research and policy perspectives on internal and international Migration.* Genebra e Nova Iorque: International Organization for Migration, The Social Science Research Council.

IOM (2010). *Migration Initiatives Appeal 2010.* Genebra: International Organization for Migration, Donor Relations Division.

Klagge, B.; Klein-Hitpass, K. (2007). *High-skilled return migration and knowledgebased economic development in regional perspective. Conceptual considerations and the example of Poland.* CMR Working Papers, nº19/77, (policopiado).

Massey, D. *et al* (1998). *Worlds in motion: understanding international migration at the end of the millennium.* Oxford: Clarendon Press.

OCDE (2009). *The Future of International Migration to OECD Countries.* Paris: OCDE Publishing.

OCDE (2010). *International Migration Outlook – SOPEMI 2010.* Paris: OCDE Publishing.

PNUD (2009). *Human Development Report 2009: Overcoming barriers: Human mobility and development.* In: http://hdr.undp.org/en/reports/global/hdr2009/TH (acedido em 07/05/2015)

Rocha-Trindade, M.B.(1995). *Sociologia das Migrações.* Lisboa: Universidade Aberta.

Velez de Castro, F. (2013). Imigração e territórios em mudança. Teorias e prática(s) do modelo de atracção-repulsão numa região de baixas densidades. *Cadernos de Geografia*, 30/31, 203-213.

2ª PARTE - REDES DE CONHECIMENTO, INOVAÇÃO E DINÂMICAS TERRITORIAIS

AS REDES DO CONHECIMENTO CIENTÍFICO DA UNIVERSIDADE DE COIMBRA. UMA ANÁLISE AOS PROJETOS INVESTIGAÇÃO CIENTÍFICA E DESENVOLVIMENTO TECNOLÓGICO (IC&DT) FINANCIADOS PELA FUNDAÇÃO PARA A CIÊNCIA E TECNOLOGIA (FCT)

KNOWLEDGE NETWORKS OF THE UNIVERSITY OF COIMBRA. ANALYSIS OF THE FCT PROJECTS

Cristina Barros

Bolseira de investigação do Projeto PTDC/CS-GEO/105476/2008 "Policentrismo urbano, conhecimento e dinâmicas de inovação" financiado pela Fundação para a Ciência e Tecnologia, CEGOT – Centro de Estudos em Geografia e Ordenamento do Território, Portugal.

cbarros@fl.uc.pt

Rui Gama

Departamento de Geografia da Faculdade de Letras da Universidade de Coimbra, CEGOT – Centro de Estudos em Geografia e Ordenamento do Território, Portugal.

rgama@fl.uc.pt

Ricardo Fernandes

Departamento de Geografia da Faculdade de Letras da Universidade de Coimbra. CEGOT – Centro de Estudos em Geografia e Ordenamento do Território, Portugal.

r.fernandes@fl.uc.pt

DOI: http://dx.doi.org/10.14195/978-989-26-1197-6_4

Resumo

A presente investigação privilegiou a análise de todos os projetos financiados pela FCT no âmbito dos concursos gerais, com o objetivo de compreender a evolução das redes de conhecimento e I&D da Universidade de Coimbra, tentando identificar as múltiplas escalas territoriais em que operam, as suas dimensões transdisciplinares e avaliar o seu impacto no território. Partindo da construção de uma base de dados para o período de 2000 e 2010 e recorrendo à metodologia de análise de redes sociais (*template Node XL - Microsoft Excel*), pretende-se analisar as redes de conhecimento e I&D de Coimbra, considerando as diferentes áreas científicas, as instituições proponentes e participantes e respetivos domínios científicos, os investimentos e os recursos humanos envolvidos. A análise é complementada com a compreensão das diferentes dinâmicas espaciais - local, regional, nacional e internacional, em que se verificam relações de colaboração científica. A representação espacial das relações institucionais fez-se através do *ArcMap* (ArcGis 10.2), tendo sido utilizada a ferramenta *spider tools*, a partir da construção de uma matriz origem-destino.

Palavras-chave: Redes de conhecimento, Projetos FCT; Unidades de I&D da Universidade de Coimbra; Desenvolvimento Regional.

Abstract

The research analyzed the projects funded by FCT under the open competitions in order to understand the evolution of knowledge and R&D networks of the University of Coimbra, trying to identify the multiple spatial scales in which they operate, their disciplinary dimensions and evaluate the their impact on the territory. Starting from the database for the years 2000 and 2010 and using the methodology of analysis of social networks (template Node XL - Microsoft Excel), it intends to analyze the networks of knowledge and R&D of Coimbra, considering the different scientific areas, applicants and participants and their respective institutions scientific fields, investments and human resources involved.

The analysis is complemented by an understanding of the different spatial dynamics - local, regional, national and international, where there are scientific collaboration relations. The spatial representation of institutional relations was made through the ArcMap (ArcGIS 10.2), having been used the tool "spider tools" and a matrix origin-destination.

Key words: Knowledge networks, R&D FCT projects, R&D unities of the University of Coimbra, Regional Development

Notas Introdutórias

No quadro da crescente competitividade e concorrência entre os territórios, cidades e regiões, as estratégias de desenvolvimento passam por uma clara aposta em elementos capazes de gerar vantagens competitivas para os territórios, de que são exemplos a tecnologia, a inovação, o conhecimento e a I&D.

Em Portugal, o sistema científico e de conhecimento desenvolve-se fundamentalmente nas instituições de ensino superior e nas unidades de I&D que constituem os departamentos e institutos. Ao longo das últimas décadas, estas unidades têm vindo a reforçar a sua importância como agentes do conhecimento, inovação e empreendedorismo, com uma articulação cada vez mais profícua com o sistema tecnológico e empresarial.

Reconhecendo que a forte existência de instituições de ensino superior e institutos de I&D no território de Coimbra não assegura por si só uma aposta no conhecimento e na investigação científica e tecnológica, optou-se por tentar caracterizar este sistema através da análise dos projetos FCT em que participaram as instituições deste território.

De facto, os projetos desenvolvidos sob a égide da FCT, uma das principais fontes de financiamento e apoio à investigação científica, fornecem excelentes indicações sobre o sistema científico e tecnológico do país.

Neste sentido, afigura-se de especial importância analisar não apenas a configuração espacial na distribuição dos projetos de IC&DT apoiados pela FCT, mas também compreender as ações de cooperação institucional entre as diferentes instituições do sistema científico e tecnológico, tanto nacional como internacional.

Partindo de uma abordagem ao nível da metodologia de análise de redes sociais, pretende-se conhecer e caraterizar as redes de colaboração científica e tecnológica do território de Coimbra. Para tal, recolheu-se a informação relativa a todos os projetos FCT entre 2000 e 2010 que envolveram a participação de instituições de Coimbra, e através do *template Node XL (Microsoft Excel)* fez-se a representação em grafos das relações institucionais das unidades envolvidas nos projetos. A interpretação das medidas resultantes deste tipo de análise permite caracterizar a configuração das redes de cooperação institucional, optando-se por fazer uma leitura ao nível de quatro categorias científicas (ciências da vida e da saúde, ciências exatas e da engenharia, ciências naturais e do ambiente e ciências sociais e humanidades).

A análise é complementada com a compreensão das diferentes dinâmicas espaciais - local, regional, nacional e internacional, em que se operam relações de colaboração na produção, difusão e aplicação do conhecimento científico.

A leitura das redes de colaboração científica constitui um excelente indicador para o delinear das políticas públicas, no sentido de reconhecer importância às redes existentes e fomentar o aparecimento de novas redes. Estas deverão ser vistas como mais-valias para a produção e difusão do conhecimento científico, capazes de promover processos de inovação determinantes para o desenvolvimento e aumento da capacidade competitiva dos territórios.

Redes de conhecimento, I&D e desenvolvimento regional: as universidades e instituições de ensino superior

Nos últimos anos, o delinear de estratégias de desenvolvimento ao nível europeu, mas também ao nível nacional, tem consagrado especial importância à ciência, investigação, desenvolvimento e inovação.

A realização dos objetivos da Estratégia Europa 2020 de crescimento inteligente, sustentável e inclusivo está dependente da investigação e inovação enquanto motores essenciais de prosperidade social e económica e de sustentabilidade ambiental (CE 9/2/2011). Ao nível do crescimento inteligente, a aposta na educação, na investigação e na inovação é aquela que garante, a prazo, o maior retorno do investimento, em termos de ganhos de produtividade, assegurando, também, a necessária capacidade de adaptação dos recursos humanos aos novos desafios económicos que se vão colocando (CE 3/3/2010). Neste sentido, a União Europeia encoraja os Estados-Membros a reformar os sistemas nacionais (e regionais) de I&D e inovação para promover a excelência e a especialização inteligente, reforçar a cooperação entre as universidades, a investigação e as empresas, recorrer a programas conjuntos e estimular a cooperação transfronteiriça em áreas em que a UE proporciona valor acrescentado, adaptando os procedimentos nacionais de financiamento em conformidade, com vista a assegurar a difusão da tecnologia em todo o território da UE (CE 3/3/2010).

Através do 7º Programa Quadro de Investigação e Desenvolvimento (2007-2013), a Comissão Europeia tem vindo a financiar a investigação e as redes de conhecimento científico. Neste contexto, as universidades, os centros de investigação, as firmas multinacionais, as autoridades regionais e as PMEs são encorajadas a estabelecer redes de cooperação, fortalecendo as suas capacidades e potencial de investigação.

Em Portugal, os vários programas políticos para a ciência e tecnologia têm reconhecido a importância do reforço no investimento na ciência e I&D como determinantes para o desenvolvimento económico e social. De entre algumas linhas de orientação seguidas nos últimos anos, salientam-se: "a) o reforço da internacionalização e da participação de Portugal nos grandes organismos internacionais de I&D, com vista a assegurar níveis de qualidade segundo padrões internacionais; b) a promoção de projetos de investigação científica e tecnológica de elevada qualidade internacional, num quadro de estabilidade e rigor de avaliação, contemplando projetos orientados para temas de interesse público e associados ao reforço da capacidade de participação nos grandes organismos científicos internacionais" (MCES, 2002).

No ano de 2006 foi lançada a iniciativa Compromisso com a Ciência para o Futuro de Portugal (MCTES, 2006), sendo que uma das grandes medidas passava pela "criação da rede de parcerias internacionais de C&T de grande dimensão, compreendendo instituições de ensino superior e de investigação, assim como empresas, em associação com organizações científicas internacionais, universidades estrangeiras e outras entidades científicas e tecnológicas de topo".

O próprio Programa do XIX Governo Constitucional (PCM, 2011) reconhece que a ciência em Portugal representa uma das raras áreas de progresso sustentado no país, tendo vindo a dar provas inequívocas de competitividade internacional, nomeadamente através da atração de investimentos estrangeiros significativos em investigadores e instituições nacionais.

Deste modo, é reconhecido que as universidades e institutos de ensino superior são os maiores produtores de conhecimento, sendo este encarado como um novo fator de produção (Gibbons *et al*, 1994). Num mundo globalizado, marcado pela crescente competitividade, as universidades têm vindo a alterar as suas estratégias de afirmação, ajustando novas formas de competição e colaboração, criando um novo sistema de produção de conhecimento.

Se no passado as barreiras geográficas e linguísticas limitavam em grande parte a difusão do conhecimento, na atualidade, e beneficiando dos avanços das TIC, as relações entre investigadores, universidades e unidades de I&D vão-se intensificando, no sentido da passagem da colaboração local para a colaboração global. Segundo Andersson *et al* (1993), existe uma reconstrução espacial do mundo científico, criando-se redes mais amplas e globais onde ocorrem trocas de informação, participação em eventos científicos internacionais, partilha de experiências, colaborações em projetos e publicações em coautoria.

As parcerias e colaborações entre universidades, instituições públicas e empresas, o designado *Triple Helix* (Etzkowitz, 2008), são cada vez mais valorizadas no processo de produção e valorização do conhecimento. Neste contexto, as universidades detêm um papel fundamental, quer como fornecedores de capital humano, quer como origem de novas empresas. Para Etzkowitz *et al* (2000) a Universidade assume uma nova função ligada ao empreendedorismo, englobando uma série de atividades empreendedoras: promover o desenvolvimento económico regional, encorajar e recompensar os membros das faculdades que forneçam assistência técnica ou de gestão a empresas na região, comercializar a investigação, fornecer assistência à criação de empresas de base tecnológica e participar nos investimentos das novas empresas resultantes do conhecimento gerado nas universidades (Goldstein, 2010).

A importância das redes do conhecimento científico é visível pelo seu alargamento a uma escala global, percorrendo novos canais de circulação da informação e do conhecimento e novas plataformas de afirmação, deixando de ser a distância geográfica um obstáculo.

De facto, as redes de conhecimento científico entre investigadores e instituições são encaradas como a melhor aposta para a produção e difusão do conhecimento, ao criar parcerias entre universidades, institutos de ensino superior, laboratórios, centros de I&D e empresas. Muitas vezes, estas parcerias são responsáveis pela criação de novas empresas, que acabam por comercializar os novos produtos, reconhecendo-se aqui a importância da valorização económica do conhecimento.

É neste sentido que os diferentes programas da União Europeia e as iniciativas criadas pelos governos nacionais tentam aprofundar as condições para a promoção das redes de conhecimento científico, uma aposta estratégica para o fomento da inovação e desenvolvimento económico dos territórios.

Unidades e dinâmica de I&D da universidade de coimbra. Participação em projetos da FCT

As universidades e instituições de ensino superior são elementos fundamentais para a dinamização das cidades e regiões e para a criação de estratégias renovadas de desenvolvimento, quer a partir das dimensões do ensino e formação de recursos humanos, quer a partir das diferentes unidades de I&D que constituem os departamentos e institutos (Fernandes, 2008). Ao nível nacional, destacam-se três importantes polos universitários, que centralizam a maior parte da oferta ao nível do ensino superior, bem como da presença de unidades associadas de investigação e inovação. Deste modo, dos 328 estabelecimentos de ensino superior em 2013, 91 estão localizados em Lisboa, 62 no Porto e 24 em Coimbra (Observatório para a Ciência e Ensino Superior).

A estratégia das universidades e unidades de I&D institucionais tem assentado, na última década, de forma evidente na valorização dos apoios da política de ciência e tecnologia no quadro dos projetos investigação científica e desenvolvimento tecnológico (IC&DT). A Universidade de Coimbra não tem sido exceção, e ao longo dos últimos anos tem vindo a intensificar a participação em inúmeros projetos de I&D, através dos seus centros de investigação (84), unidades de ensino e investigação (12) e laboratórios associados (3).

Neste contexto é reconhecido o papel da Fundação para a Ciência e Tecnologia (FCT), enquanto agente de desenvolvimento de apoio à I&D, ao assumir um papel central no funcionamento do sistema científico e tecnológico português, com reflexos na solidificação de trajetórias de investigação científica, e com consequências no desenvolvimento territorial.

A estratégia de investigação privilegiou a análise de todos os projetos financiados pela FCT para o período de 2000 a 2010 no âmbito dos concursos gerais, considerando as diferentes áreas e domínios científicos, as instituições proponentes e participantes, os investimentos e os recursos humanos. Para a presente análise, considerou-se apenas os projetos com a participação de instituições localizadas em Coimbra, sendo que a grande parte corresponde a instituições e unidades com ligação à Universidade de Coimbra.

Durante este período as instituições de Coimbra participaram em 1057 projetos (13,7% do total de projetos FCT) e envolveram 9431 pessoas[1] (15,4%). Considerando o número de projetos por domínio científico, verifica-se uma importância destacada das ciências exatas e da engenharia (43,3%) e

---

[1] Este valor é independente do número de projetos em que cada um possa participar, e trata-se de um valor provisório uma vez que a FCT não dispõe dos elementos de identificação de todos os bolseiros contratados no decorrer dos projetos.

das ciências da vida e da saúde (22,0%). Apresentando valores semelhantes, as ciências naturais e do ambiente (17,4%) e as ciências socias e humanidades (17,2%) determinam uma menor participação das instituições de Coimbra na investigação nestas áreas científicas (Quadro 1).

Quadro 1. Projetos, financiamento, participantes e formas de participação das instituições de Coimbra em projetos FCT, entre 2000 e 2010

Domínios científicos	Participação em projetos		Financiamento		Participantes		Instituição Proponente		Unidade de investigação principal		Instituição participante	
	N°	%	Euros (€)	%	N°	%	N°	%	N°	%	N°	%
Ciências da vida e da saúde	233	22,0	25.389.747,0	25,0	2075	22,0	188	24,2	190	24,4	98	24,3
Ciências exatas e da engenharia	458	43,3	39.996.722,8	39,5	4045	42,9	338	43,6	350	45,0	151	37,4
Ciências naturais e do ambiente	184	17,4	21.230.364,9	20,9	1853	19,6	115	14,8	100	12,9	83	20,5
Ciências sociais e humanidades	182	17,2	14.761.226,7	14,6	1458	15,5	135	17,4	138	17,7	72	17,8
Total	1057	100	101.378.061,4	100	9431	100	776	100	778	100	404	100

Fonte: FCT (www.fct.mctes.pt)

Em termos do total de projetos de I&D financiados pela FCT neste horizonte temporal, Coimbra apresenta um peso de 10% na participação como instituição proponente, revelando uma centralidade na investigação científica a nível nacional. Paralelamente à participação de instituições de Coimbra como instituições proponentes ou de investigação principal, verificaram-se outras 404 participações de instituições de Coimbra, uma vez mais com um peso preponderante das ciências exatas e da engenharia (37,4%) e das ciências da vida e saúde (24,3%). Relativamente aos projetos com a participação de instituições de Coimbra, o concelho de Coimbra apresenta um peso significativo de 73,4% na participação como instituição proponente (cerca de 776 projetos), revelando uma centralidade na investigação científica à escala sub-regional. Seguidamente, mesmo com parcerias e efeito de rede no território sub-regional, as instituições de Coimbra participaram igualmente em projetos FCT de instituições de I&D com localização em Lisboa (10,7%), Aveiro (5,0%), Porto (4,6%) e Braga (3,2%), entre outras (Quadro 2 e Figura 1).

Quadro 2. Projetos e financiamento dos projetos com a participação de Coimbra, entre 2000 e 2010, segundo localização da instituição de investigação proponente

| Unidades territoriais | Instituição de Investigação Proponente (Projetos FCT em Coimbra) | | | |
| | Projetos | | Financiamento | |
	N°	%	Euros	%
Açores	2	0,2	168.513,0	0,2
Aveiro	53	5,0	5.328.669,8	5,3
Beja	1	0,1	180.000,0	0,2
Braga	34	3,2	3.522.697,8	3,5
Cantanhede	3	0,3	483.101,0	0,5
Coimbra	776	73,4	71.969.917,6	71,0
Covilhã	2	0,2	200.400,0	0,2
Évora	7	0,7	618.891,0	0,6
Faro	5	0,5	298.481,0	0,3
Lisboa	113	10,7	12.208.955,0	12,0
Madeira	2	0,2	274.699,5	0,3
Matosinhos	1	0,1	75.000,0	0,1
Oeiras	2	0,2	198.000,0	0,2
Paredes	1	0,1	85.000,0	0,1
Porto	49	4,6	5.225.612,8	5,2
Tomar	3	0,3	322.185,0	0,3
Vila Real	2	0,2	87.200,0	0,1
Viseu	1	0,1	130.738,0	0,1
Total	**1057**	**100**	**101.378.061,4**	**100**

Fonte: FCT (www.fct.mctes.pt)

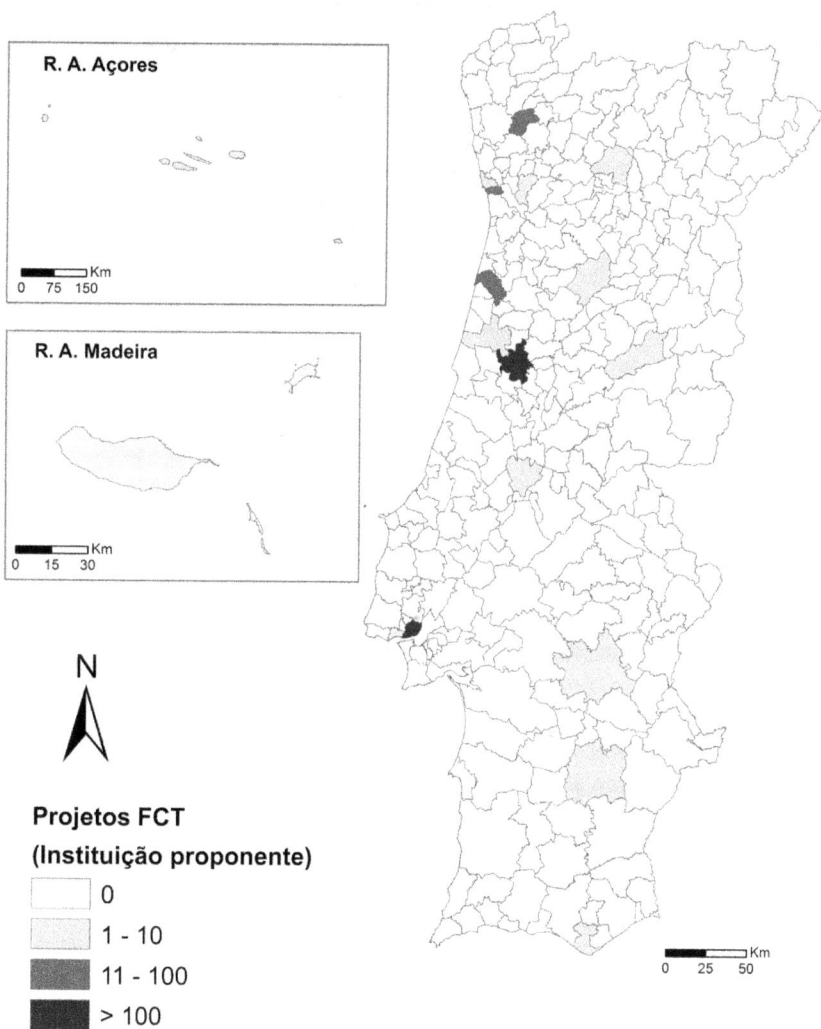

R. A. Açores

Km
0 75 150

R. A. Madeira

Km
0 15 30

N

Projetos FCT
(Instituição proponente)

☐ 0
☐ 1 - 10
■ 11 - 100
■ > 100

Km
0 25 50

Figura 1. Projetos FCT com a participação de instituições de Coimbra, entre 2000 e 2010, segundo localização da instituição de investigação proponente

A participação das instituições de Coimbra não se fez de forma homogénea ao longo dos anos, coincidindo esta participação com os períodos de maior ou menor volume de financiamento (Figura 2 e Quadro 3). De facto, os anos de 2008, 2006 e 2004 foram aqueles que apresentaram um maior número projetos com a participação de instituições de Coimbra (201, 182 e 175, a que correspondeu 14,3%, 13,0% e 13,4% do total de projetos a nível nacional).

Figura 2. Evolução do número de projetos FCT, por domínio científico, com a participação das instituições de Coimbra, entre 2000 e 2010

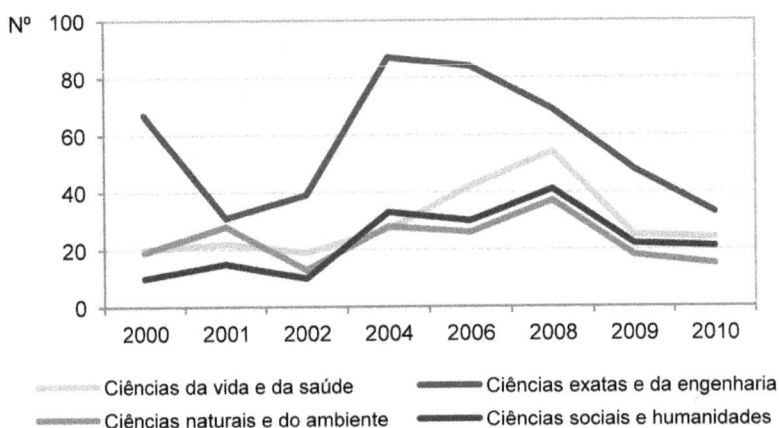

Fonte: FCT (www.fct.mctes.pt)

A tendência observada para os anos mais recentes traduz uma diminuição expressiva no número de projetos, (-108 projetos entre 2008 e 2010, correspondendo a -53,7%), refletindo a mesma diminuição observada a nível nacional (-772 projetos, correspondendo a -55,1%) para o mesmo período, como resultado da progressiva diminuição de financiamento no quadro da atual conjuntura económico-financeira do país. Esta situação deverá motivar uma séria reflexão, uma vez que, após um período de investimento e reforço do sistema científico nacional, assiste-se a uma situação de quebra e de diminuição no apoio aos projetos de investigação científica e desenvolvimento tecnológico (IC&DT),

com reflexos nefastos ao nível da perda de competitividade das instituições científicas, essenciais para o desenvolvimento e progresso económico do país.

Quadro 3. Evolução do número de projetos, financiamento e participantes por domínio científico que envolveram as instituições de Coimbra, e respetivo peso em relação ao total dos projetos FCT

Anos	Domínio científico	Projetos		Financiamento		Participantes		Instituições participantes	
		Nº	% do total	Euros (€)	% do total	Nº	% do total	Nº	% do total
2000	Ciências da vida e da saúde	20	13,3	1.401.228,02	10,6	162	15,0	25	11,8
	Ciências exatas e da engenharia	67	16,0	3.754.820,82	15,3	585	18,5	125	18,1
	Ciências naturais e do ambiente	19	13,3	1.393.416,87	10,6	159	12,5	45	14,7
	Ciências sociais e humanidades	10	7,5	582.709,71	7,5	81	7,7	13	6,6
	Total	116	13,7	7.132.175,42	12,2	987	15,0	208	14,8
2001	Ciências da vida e da saúde	22	14,5	1.704.969,00	14,3	184	17,1	45	18,8
	Ciências exatas e da engenharia	31	10,0	1.754.722,00	8,4	265	12,2	58	12,2
	Ciências naturais e do ambiente	28	16,7	2.349.099,00	17,8	244	18,2	71	20,3
	Ciências sociais e humanidades	15	11,0	806.395,00	9,0	89	9,9	25	12,9
	Total	96	12,5	6.615.185,00	12,0	782	14,3	199	15,8
2002	Ciências da vida e da saúde	19	16,8	1.523.011,00	18,1	142	20,4	28	18,4
	Ciências exatas e da engenharia	39	14,5	2.219.862,00	14,5	337	16,8	65	15,9
	Ciências naturais e do ambiente	13	9,4	1.161.909,00	10,7	136	11,6	36	13,0
	Ciências sociais e humanidades	10	9,5	663.080,00	11,3	64	10,3	21	14,2
	Total	81	12,9	5.567.862,00	13,8	679	15,1	150	15,2
2004	Ciências da vida e da saúde	27	12,8	2.088.764,00	12,9	235	18,4	56	17,5
	Ciências exatas e da engenharia	87	14,6	5.504.434,00	14,7	648	15,9	156	15,6
	Ciências naturais e do ambiente	28	10,9	2.121.418,00	11,6	240	13,6	60	12,4
	Ciências sociais e humanidades	33	13,5	1.597.168,00	13,8	196	12,4	57	15,4
	Total	175	13,4	11.311.784,00	13,5	1.319	15,2	329	15,1
2006	Ciências da vida e da saúde	42	20,0	5.315.944,00	19,9	432	26,4	81	22,5
	Ciências exatas e da engenharia	84	14,3	8.752.781,00	14,5	838	16,8	176	15,5
	Ciências naturais e do ambiente	26	8,3	3.732.920,00	9,2	305	10,4	72	10,6
	Ciências sociais e humanidades	30	10,4	2.657.464,00	10,8	218	9,3	61	12,0
	Total	182	13,0	20.459.109,00	13,5	1.793	15,1	390	14,5
2008	Ciências da vida e da saúde	54	21,6	7.249.618,00	19,8	526	26,5	108	24,2
	Ciências exatas e da engenharia	69	13,2	9.054.388,00	13,6	668	15,0	140	14,1
	Ciências naturais e do ambiente	37	10,4	6.079.747,00	11,0	432	12,0	103	12,8
	Ciências sociais e humanidades	41	15,0	4.472.888,00	17,4	420	16,9	106	20,0
	Total	201	14,3	26.856.641,00	14,6	2.046	16,3	457	16,5
2009	Ciências da vida e da saúde	25	16,9	2.908.352,00	14,8	180	16,5	46	16,8
	Ciências exatas e da engenharia	48	16,9	5.448.838,00	17,0	422	17,8	90	16,9
	Ciências naturais e do ambiente	18	10,5	2.721.872,00	10,7	174	11,1	49	12,0
	Ciências sociais e humanidades	22	13,5	2.214.977,00	15,9	209	15,7	60	18,7
	Total	113	14,8	13.294.039,00	14,6	985	15,5	245	16,0
2010	Ciências da vida e da saúde	24	21,4	3.197.861,00	21,5	214	26,0	45	20,9
	Ciências exatas e da engenharia	33	14,2	3.506.877,00	15,1	282	15,2	65	15,2
	Ciências naturais e do ambiente	15	11,4	1669983,00	9,6	163	12,7	52	16,6
	Ciências sociais e humanidades	21	13,7	1.766.545,00	14,8	181	13,7	67	22,0
	Total	93	14,8	10.141.266,00	15,0	840	15,9	229	18,1
Total	Ciências da vida e da saúde	233	17,3	25.389.747,02	17,2	2075	21,5	434	19,6
	Ciências exatas e da engenharia	458	14,2	39.996.722,82	14,3	4045	16,1	875	15,5
	Ciências naturais e do ambiente	184	11,0	21.230.364,87	11,0	1853	12,4	488	13,5
	Ciências sociais e humanidades	182	12,2	14.761.226,71	13,4	1458	12,5	410	16,0
	Total	1057	13,7	101.378.061,42	13,8	9431	15,4	2207	15,7

Ao nível do número de participantes[2], à semelhança do verificado para o número de projetos, observa-se um aumento deste número até ao ano de 2008, ano em que se verificaram mais participantes (2046), sendo que a partir deste ano, a tendência foi de decréscimo (para 840 participantes) no ano de 2010.

Um outro aspeto que merece destaque diz respeito ao número de unidades participantes por projeto[3] (Figura 3). Dos 1057 projetos em análise, cerca de 41,2% (435 projetos) teve apenas uma unidade de investigação participante, o que deixa antever uma grande percentagem de projetos em que não ocorreram parcerias ao nível científico.

Figura 3. Distribuição dos projetos com a participação das instituições de Coimbra, de acordo com o número de unidades participantes

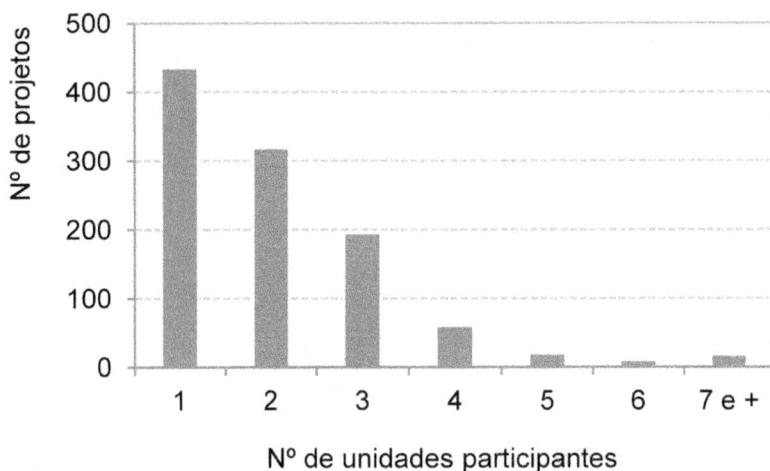

[2] Corresponde ao número de participantes (investigadores responsáveis, investigadores, co-laboradores) de todas as unidades com as quais as instituições de Coimbra estabeleceram relação através dos projetos de I&D e C&T. Por não existir informação desagregada ao nível da instituição, não se consegue ter informação relativa ao número de participantes que desenvolvem a sua atividade em Coimbra.

[3] Por uma questão metodológica, e por se considerar que na maior parte dos casos a unidade proponente corresponde à unidade de investigação principal, optou-se para este ponto considerar apenas a unidade de investigação principal.

Apresentando valores significativos, cerca de 30,2% dos projetos (319) tiveram a participação de duas unidades e cerca de 18,4% (195) contaram com a colaboração de três unidades de investigação. Com valores menos expressivos, salientam-se os projetos com 4, 5, 6 e 7 e mais unidades de investigação participantes (5,7%, 1,9%, 0,9% e 1,7%).

As redes de conhecimento e I&D de Coimbra

Análise de redes sociais

Reconhecendo que os projetos de I&D financiados pela FCT fomentam as parcerias entre universidades, laboratórios, unidades de investigação e empresas nacionais e internacionais, recorreu-se à metodologia de análise de redes sociais, baseada na teoria dos grafos. Esta metodologia permite compreender as ligações entre os atores ou grupos intervenientes e as implicações dessas ligações para a estrutura e dinâmica da rede.

A rede é constituída por um conjunto de pontos ou nós ligados por linhas. Cada ponto representa um ator (indivíduo, grupo, instituição, empresa), sendo que as linhas mostram a relação entre os atores, podendo indicar a direção da relação (direta, indireta), e até mesmo a intensidade da mesma.

A aplicação desta metodologia ao presente estudo, permitiu representar e analisar a rede de colaboração científica das instituições de Coimbra com as outras instituições nos 1057 projetos identificados para o período 2000-2010 (Figura 4). Nesta análise, os pontos representam cada uma das instituições, ligados por linhas ou conexões sempre que existam relações de colaboração institucional. A recolha da informação foi feita projeto a projeto através da informação disponível no sítio internet da FCT, permitindo construir uma base de dados, com informação sobre cada projeto, respetivas instituições intervenientes, bem como a localização geográfica de cada uma.

Posteriormente, a partir do *template NodeXL* (*Microsoft Excel*), elaborou-se uma matriz de relações das instituições participantes em cada projeto.

Este *template* permite a construção de grafos a partir de diversos algoritmos, tendo sido escolhido o algoritmo de *Fruchterman-Reingold*, que tem como principais objetivos distribuir os vértices igualmente no espaço disponível, minimizar o cruzamento de arestas, deixar o tamanho das arestas uniforme e fornecer simetria ao grafo (Smith *et al*, 2009). Para tal, este algoritmo simula um sistema de partículas onde os vértices representam pontos de massa que se repelem mutuamente, enquanto as arestas assumem o comportamento de molas com forças de atração (Everton, 2004). Em suma, no que se refere à representação da rede a partir desta ferramenta, os pontos representam cada uma das instituições, ligados por linhas que existam relações de colaboração institucional.

A rede de colaboração institucional de Coimbra assume uma grande complexidade no período considerando (englobando cerca de 553 instituições relacionadas), sendo evidente que o maior número de pontos ou nós corresponde a institutos e unidades de investigação do ensino superior (252 instituições, correspondendo a 45,6%), seguido pelos institutos e unidades de I&D internacionais (96, cerca de 17,4%) e pelas instituições públicas (77, 13,9%). As associações e empresas presentes nesta rede correspondem a 42 unidades cada (correspondendo a 7,6%). Por fim, os laboratórios associados e instituições de I&D presentes nesta rede correspondem a um conjunto de unidades com menores quantitativos, com 29 e 15 instituições, respetivamente (Quadro 4 e Figura 4).

Quadro 4. Categoria das instituições (nós) da rede de colaboração em projetos FCT
com instituições de Coimbra, por domínio científico

Categoria da Instituição	Rede Total		Ciências da Vida e da Saúde		Ciências Exatas e Engenharias		Ciências Naturais e do Ambiente		Ciências Sociais e Humanidades	
	Nº	%	Nº	%	Nº	%	Nº	%	Nº	%
Associações	42	7,6	11	8,0	12	5,2	19	10,7	16	7,9
Empresas	42	7,6	3	2,2	30	12,9	7	3,9	3	1,5
Instituições públicas	77	13,9	26	18,8	14	6,0	21	11,8	43	21,3
Institutos de I&D	15	2,7	5	3,6	11	4,7	7	3,9	4	2,0
Inst/unid. de I&D internacionais	96	17,4	16	11,6	34	14,6	31	17,4	21	10,4
Inst/unid. de investigação ensino superior	252	45,6	66	47,8	113	48,5	84	47,2	105	52,0
Laboratórios associados	29	5,3	11	8,0	19	8,2	9	5,1	10	5,0
Total	553	100	138	100	233	100	178	100	202	100

Figura 4. Rede de colaboração em projetos FCT com instituições de Coimbra, entre 2000 e 2010

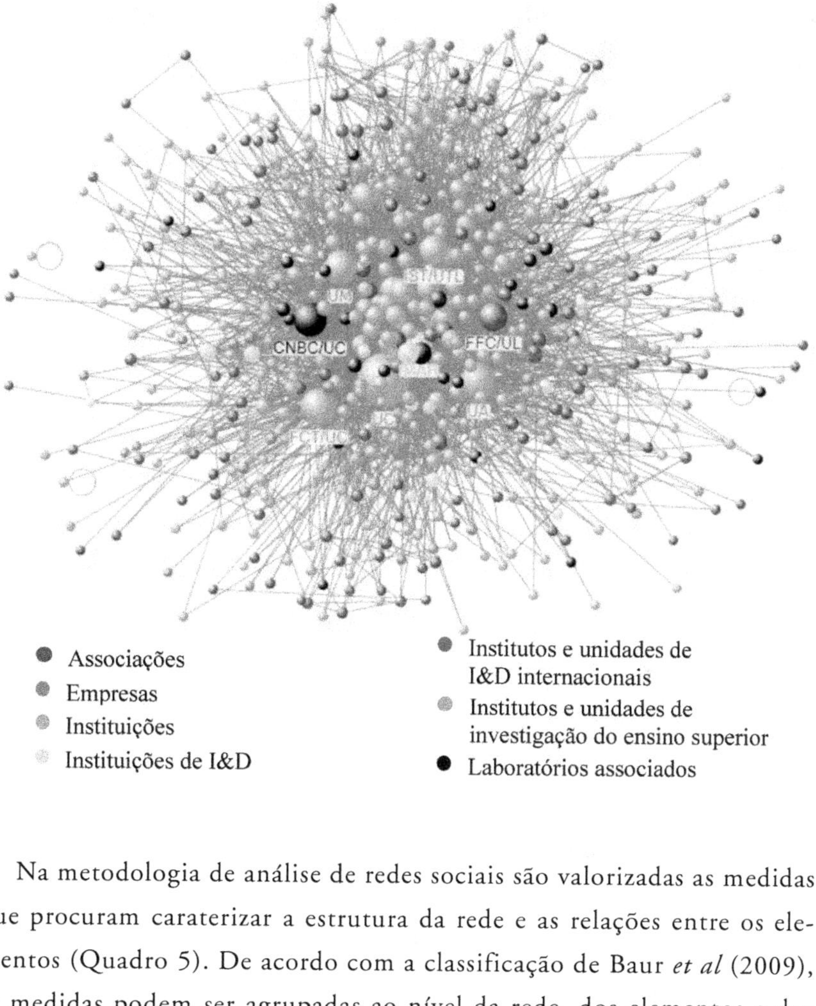

● Associações
● Empresas
● Instituições
● Instituições de I&D

● Institutos e unidades de I&D internacionais
● Institutos e unidades de investigação do ensino superior
● Laboratórios associados

Na metodologia de análise de redes sociais são valorizadas as medidas que procuram caraterizar a estrutura da rede e as relações entre os elementos (Quadro 5). De acordo com a classificação de Baur *et al* (2009), as medidas podem ser agrupadas ao nível da rede, dos elementos e dos grupos. Num primeiro momento, a presente rede de conhecimento e I&D, centrada nos projetos FCT em Coimbra para todos os domínios científicos, é constituída por 553 nós (*vertices,* que correspondem a instituições de I&D proponentes e/ou participantes) e cerca de 2419 linhas/relações (*edges*).

Quadro 5. Medidas de análise da rede de colaboração em projetos FCT com
instituições de Coimbra

Medidas	Rede Total	Ciências da vida e da saúde	Ciências exatas e da engenharia	Ciências naturais e do ambiente	Ciências sociais e humanidades
Nº de nós	553	138	233	178	202
Nº de linhas/relações	2419	712	1439	1079	879
Distância geodésica máxima	5	6	5	6	6
Número médio de graus de separação	2,62	2,81	2,53	2,51	2,55
Densidade	0,015	0,042	0,030	0,048	0,033
Grau médio	8,74	6,03	7,18	8,57	6,79
Proximidade média	0,001	0,003	0,002	0,002	0,037
Intermediação média	447,5	123,47	178,92	135,04	141,98
Coeficiente médio de clusterização	0,75	0,76	0,76	0,77	0,74

Ao nível da análise da rede são aplicadas medidas para analisar a estrutura global da rede, como sendo a distância geodésica, o número médio de graus de separação e a densidade. A distância geodésica máxima corresponde à distância mais longa de um nó a outro, sendo que para esta rede apresenta o valor de 5. O número médio de graus de separação, ou seja, o número médio de nós que separa cada instituição de uma outra, é de 2,62.

A densidade varia entre 0 e 1 e indica o grau de conexão dos vértices ou nós na rede, sendo calculada pela divisão do número total de ligações pelo número máximo de ligações possíveis. Quantos mais nós estiverem conectados de forma direta a outros nós, maior é a densidade. Neste caso, a rede apresenta o valor de 0,015 como resultado da presença de um elevado número de instituições.

Na análise ao nível dos elementos são valorizadas as medidas de centralidade (Freeman, 1979), que determinam a importância relativa de um vértice no grafo: centralidade de grau (*Degree Centrality*), centralidade de proximidade (*Closeness Centrality*) e centralidade de intermediação (*Betweenness Centrality*).

O grau médio corresponde ao número médio de nós (instituições) aos quais cada nó (instituição) da rede se encontra ligado. Esta rede apresenta um valor elevado (8,74), indicando uma rede alargada com muitas interações entre as instituições.

A proximidade é uma medida que assenta na distância geodésica, ou seja, no comprimento do caminho mais curto que liga dois atores (Lemieux *et al*, 2004). Simboliza a proximidade de cada instituição a todas as outras com as quais estabelece relação. A proximidade média apresenta um valor muito baixo (0,001), refletindo uma grande proximidade de cada instituição a todas as outras com as quais se encontra ligada.

A intermediação é outra medida de centralidade que permite medir o grau de extensão na qual um nó se encontra situado entre os outros nós da rede, sendo importante para aferir o prestígio das instituições e a sua capacidade para aceder e controlar o fluxo de informação pela posição intermediária que ocupam. Segundo Lemieux *et al* (2004), quanto mais um ator se encontrar numa posição intermediária, ou seja, quanto mais se encontrar numa situação em que os atores têm de passar por ele para chegar aos outros atores, maior capacidade de controlo terá sobre a circulação da informação entre esses atores. Nesta rede o valor médio é de 447,5, o que revela uma grande importância dos atores intermediários na rede.

Por fim, ao nível da análise dos grupos, foi destacado o coeficiente de *clusterização* que quantifica quão conectado está um determinado vértice com os seus vizinhos (Hansen *et al*, 2011). Neste caso, em virtude da presença de muitas instituições, o valor médio é de 0,75.

As ciências da vida e da saúde assumem uma importância fundamental na estrutura de conhecimento e I&D no território de Coimbra. As fortes ligações entre a universidade de Coimbra, os hospitais da universidade e as unidades de I&D no campo da saúde, contribuíram para a aposta crescente na investigação científica nesta área, assim como para o aparecimento de novas empresas e novas relações institucionais com outros polos de conhecimento e inovação (Figura 5). A rede de colaboração nesta área científica apresenta um total de 138 instituições, sendo que as instituições e unidades do ensino superior assumem uma maior relevância (66), em seguida as instituições públicas (26), as unidades internacionais (16), as associações (11) e os laboratórios associados (10).

No que concerne às medidas de análise de redes sociais, a rede das ciências da vida e da saúde apresenta, quando comparada com as restantes redes (*vide* Quadro

5), um menor número de nós, assim como um menor número de linhas/relações. A distância geodésica máxima é de 6, sendo semelhante à observada na rede das ciências naturais e do ambiente e na rede das ciências sociais e humanidades.

Figura 5. Rede de colaboração em projetos FCT com instituições de Coimbra, na área de ciências da vida e da saúde, entre 2000 e 2010, segundo a medida de centralidade de grau

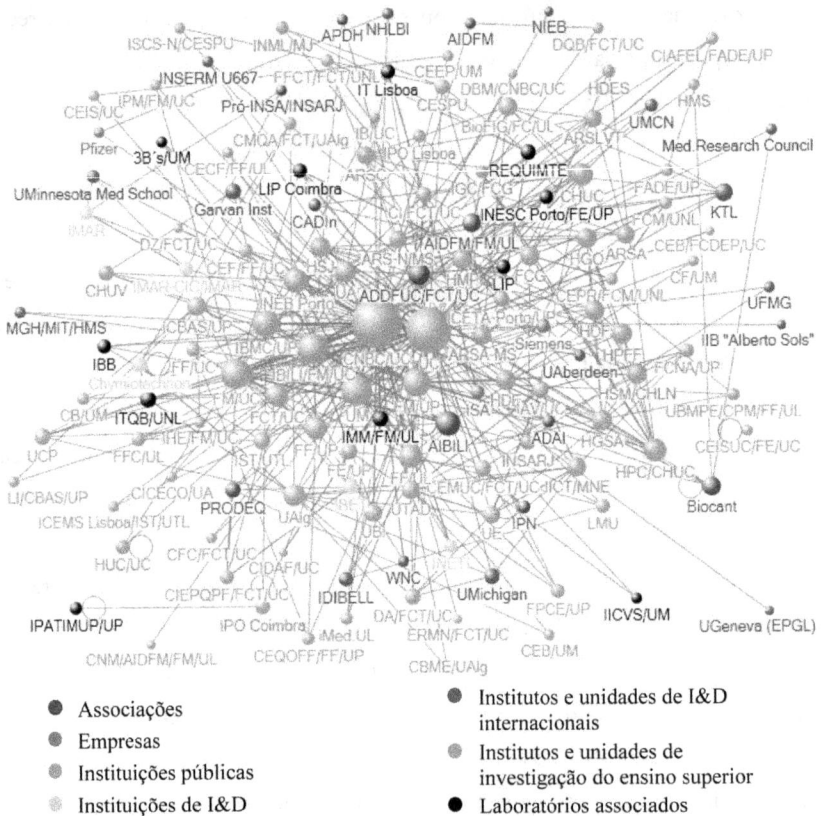

- ● Associações
- ● Empresas
- ● Instituições públicas
- ● Instituições de I&D
- ● Institutos e unidades de I&D internacionais
- ● Institutos e unidades de investigação do ensino superior
- ● Laboratórios associados

O número médio de graus de separação assume o valor de 2,81, sendo ligeiramente superior ao verificado nas restantes redes, o que indica que nesta rede, as instituições não apresentam relações tão diretas como nas restantes.

Em relação ao grau médio, o seu valor também é inferior, justificando-se este valor pelo menor número de instituições presentes nesta rede.

Uma última nota para o grau de intermediação médio, uma vez que este assume um valor inferior comparativamente às restantes redes em análise, o que indica uma menor importância dos atores intermédios presentes na rede.

Ao nível da análise das redes sociais, e justificando a pertinência do estudo da rede de relações das instituições de Coimbra, importa neste sentido, analisar algumas medidas relativas aos elementos (nós) presentes na rede das ciências da vida e da saúde.

No que concerne às medidas de centralidade (grau, proximidade e intermediação), destacam-se algumas instituições de Coimbra, cujos valores merecem aqui destaque. A medida de centralidade de grau, ao medir o número de conexões diretas de cada ator no grafo, dá excelentes indicações sobre a importância das relações de cada uma das instituições com as restantes. Em destaque surge o Centro de Neurociências e Biologia Celular (CNBC/UC) com 62 conexões diretas, seguindo-se a própria Universidade de Coimbra (52), o Instituto Biomédico de Investigação da Luz e Imagem (IBILI) e a Faculdade de Medicina da Universidade de Coimbra (FMUC), com 22 conexões e a Associação para a Investigação Biomédica e Inovação em Luz e Imagem (AIBILI) com 14 conexões diretas. Nesta rede merece ainda realce o Hospital Pediátrico de Coimbra (HPC/CHUC), a Faculdade de Ciências e Tecnologia (FCT/UC), o Centro Hospitalar e Universitário de Coimbra (CHUC) e a Associação para o Desenvolvimento do Departamento de Física da Universidade de Coimbra (ADDFUC/FCT/UC), com respetivamente 12, 12, 11 e 11 ligações diretas. Estas instituições, por apresentarem uma grande quantidade de contactos diretos, beneficiam de uma maior centralidade, sendo consideradas como as mais populares da rede.

A centralidade de proximidade, baseada no comprimento do caminho mais curto que liga dois atores, apresenta valores semelhantes para todas as instituições presentes na rede, variando entre 0,000 e 0,004.

Por último, a centralidade de intermediação, constitui uma excelente medida para aferir o prestígio das instituições e a sua capacidade como agentes de controlo da informação, devido à posição de intermediários que apresentam. Para a rede em análise, destacam-se com valores acima da média, o

Centro de Neurociências e Biologia Celular (CNBC/UC), a Universidade de Coimbra (UC), o Centro Hospitalar e Universitário de Coimbra (CHUC), o Instituto Biomédico de Investigação da Luz e Imagem (IBILI), o Centro de Engenharia Mecânica (CEMUC/FCT/UC), o Centro Regional de Oncologia de Coimbra (IPO Coimbra). Com valores abaixo da média (123,47), destaca-se o IMAR - Centro Interdisciplinar de Coimbra (IMAR-CIC/IMAR), a Associação para o Desenvolvimento da Engenharia Química (PRODEQ), a Faculdade de Farmácia da Universidade de Coimbra (FF/UC) e o Centro de Investigação em Engenharia dos Processos Químicos e dos Produtos da Floresta (CIEPQPF/FCT/UC).

Para as restantes redes elaboradas com base na categoria científica, são descritas as medidas de centralidade[4], que permitem avançar para a caraterização geral do sistema de conhecimento destas áreas científicas no território de Coimbra.

A rede das ciências exatas e da engenharia é aquela que apresenta uma maior complexidade, uma vez que foi a área que registou um maior número de projetos no período considerado (458), envolvendo um total de 233 instituições diferentes, das quais 113 (48,5%) correspondem a institutos e unidades de investigação do ensino superior, 34 (14,6%) institutos e unidades de I&D internacionais e 30 (12,9%) empresas. Como resultado do elevado número de instituições, verificaram-se 1439 ligações (relações), sendo que o número médio de graus de separação é de 2,53 (Figura 6 e *vide* Quadro 5).

---

[4] No caso da rede das de ciências exatas e da engenharia e na rede das ciências naturais e do ambiente não são referidos os valores da medida de centralidade de proximidade, uma vez que as instituições apresentam valores semelhantes (entre 0,001 e 0,004).

Figura 6. Rede de colaboração em projetos FCT com instituições de Coimbra, na área de ciências exatas e da engenharia, entre 2000 e 2010, segundo a medida de centralidade de grau

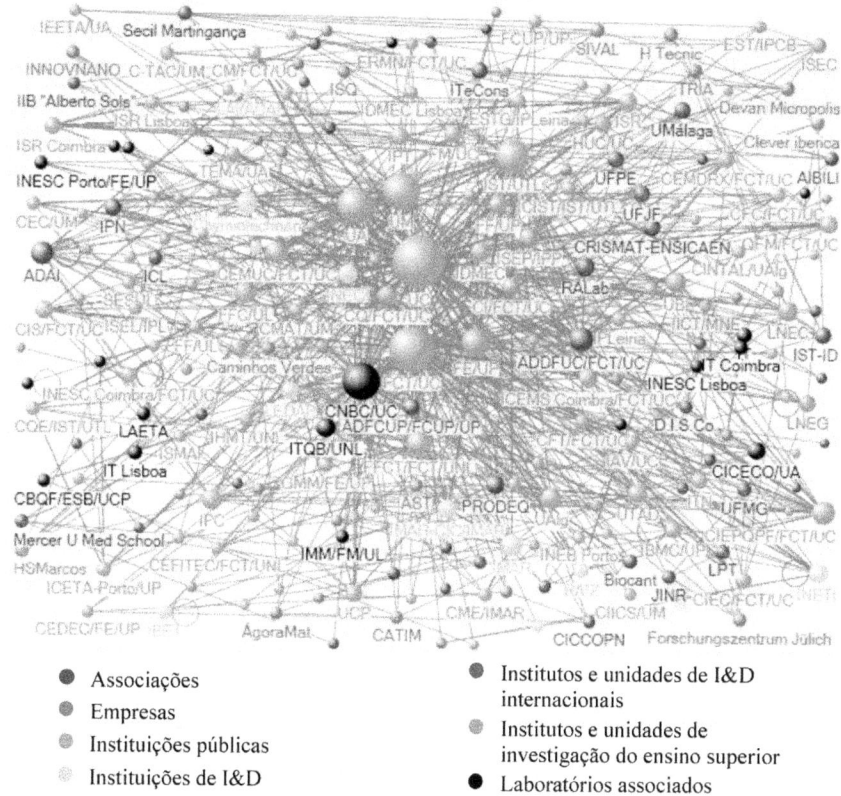

- ● Associações
- ● Empresas
- ● Instituições públicas
- ● Instituições de I&D
- ● Institutos e unidades de I&D internacionais
- ● Institutos e unidades de investigação do ensino superior
- ● Laboratórios associados

Ao nível da centralidade de grau, destacam-se aqui algumas unidades de Coimbra com valores muito acima da média, de que é o caso da Universidade de Coimbra (UC), com 116 ligações diretas a outras unidades, da Faculdade de Ciências e Tecnologias (FCT/UC), com 84 ligações e do Centro de Neurociências e Biologia Celular (CNBC/UC), com 56 ligações. Das restantes instituições de Coimbra, merece ainda realce a Associação para o Desenvolvimento do Departamento de Física (ADDFUC/FCT/UC), o Centro de Investigação em Engenharia dos Processos Químicos e dos Produtos da Floresta (CIEPQPF/FCT/UC), a Associação para o Desenvolvimento da Aerodinâmica Industrial (ADAI), o Centro de Engenharia Mecânica (CEMUC/

FCT/UC) e o Instituto de Ciência, Tecnologia e Inovação em Química (Chymiotechnon), com um grau de 22, 21, 20, 18 e 15, respetivamente.

Em relação à centralidade de intermediação, o valor médio é superior ao das restantes redes (178,92), refletindo uma grande importância dos atores que atuam como intermediários nesta rede, destacando-se pela positiva a UC, a FCT/UC, o CNBC/UC, a ADDFUC e a ADAI. Por outro lado, o Centro de Química (CQ/FCT/UC), o Centro de Estudos de Materiais por Difração de Raios X (CEMDRX/FCT/UC) e o Instituto de Ciência e Engenharia de Materiais e Superfícies (ICEMS/FCT/UC), apesar de apresentarem valores abaixo da média, os resultados evidenciam uma grande importância destas unidades como intermediárias nesta rede.

No caso da rede das ciências naturais e do ambiente, entre 2000 e 2010 realizaram-se 184 projetos FCT envolvendo instituições de Coimbra (Figura 7). Trata-se de uma rede de dimensão menor, que contou com a colaboração de 178 instituições, uma vez mais com um peso superior dos institutos e unidades de investigação do ensino superior (47,2%) e dos institutos e unidades de I&D internacionais (17,4%), e com um peso pouco expressivo das empresas, das instituições de I&D e dos laboratórios associados (3,9%, 3,9% e 5,1%, respetivamente).

Em termos das conexões de cada nó presente na rede, destaca-se pelo maior número de relações diretas a UC, o IMAR-CIC/IMAR, a FCT/UC, o CNBC/UC, o Instituto Politécnico de Coimbra (IPC), o Instituto do Ambiente e Vida (IAV/UC) e a Escola Superior Agrária de Coimbra (ESACoimbra), com um grau de 91, 31, 31, 26, 25, 16 e 16, respetivamente. O prestígio das instituições, visível pela centralidade de intermediação, destaca as instituições anteriormente referidas, com valores acima do valor médio (135,04). De salientar a existência de 109 instituições nesta rede sem qualquer papel como atores intermediários, sendo que apenas 8 são de Coimbra.

Figura 7. Rede de colaboração em projetos FCT com instituições de Coimbra, na área de ciências naturais e do ambiente, entre 2000 e 2010, segundo a medida de centralidade de grau

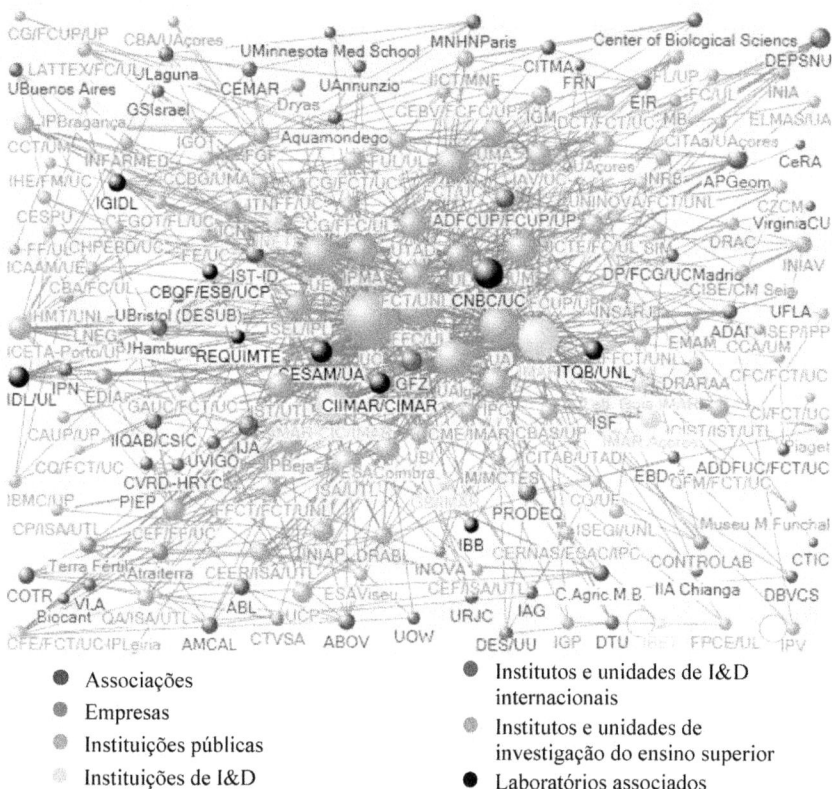

● Associações	● Institutos e unidades de I&D internacionais
● Empresas	
○ Instituições públicas	○ Institutos e unidades de investigação do ensino superior
○ Instituições de I&D	● Laboratórios associados

Por fim, na área científica das ciências sociais e humanidades verificaram--se 182 projetos, que envolveram a participação de 202 instituições, sendo que a grande maioria corresponde a institutos de investigação do ensino superior (52,0%) e instituições públicas (21,3%). O peso da internacionalização é inferior ao registado para as restantes redes científicas (10,4%). Durante os dez anos em análise, ocorreram 879 ligações, e o número médio de graus de separação é de 2,55, semelhante ao das restantes redes (Figura 8 e *vide* Quadro 5).

Figura 8. Rede de colaboração em projetos FCT com instituições de Coimbra, na área de ciências sociais e humanidades, entre 2000 e 2010, segundo a medida de centralidade de grau

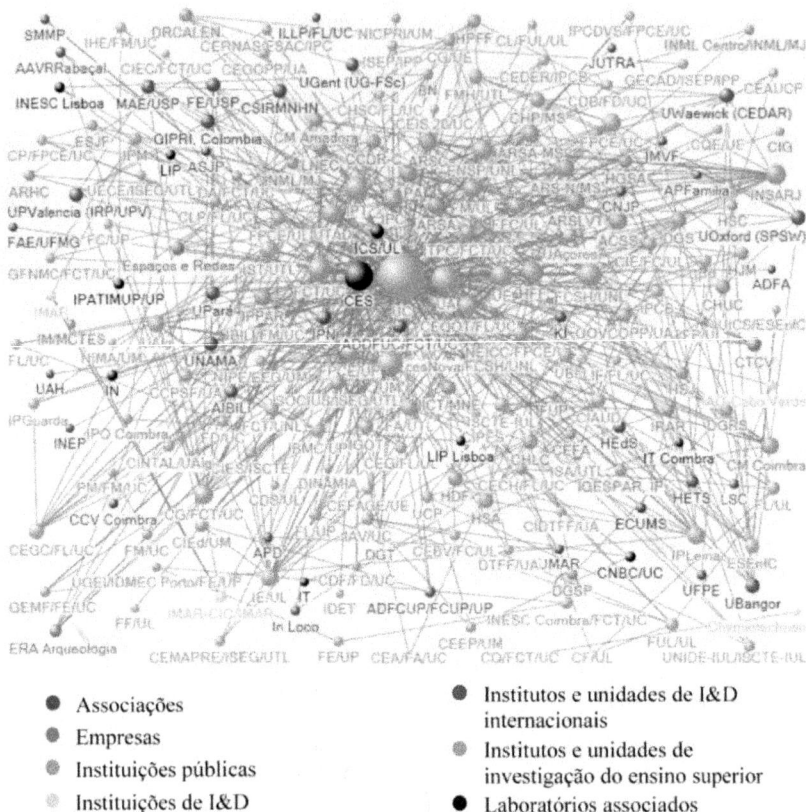

- ● Associações
- ● Empresas
- ● Instituições públicas
- ● Instituições de I&D
- ● Institutos e unidades de I&D internacionais
- ● Institutos e unidades de investigação do ensino superior
- ● Laboratórios associados

Em relação à centralidade de grau, e realçando uma vez mais as unidades de Coimbra com valores muito expressivos, destaca-se a UC, o Centro de Estudos Sociais (CES), a FCT/UC, o IPC, o Centro de Estudos em Geografia e Ordenamento do Território (CEGOT), a Faculdade de Psicologia e de Ciências da Educação (FPCE/UC), o Centro de Geociências (CG/FCT/UC) e a Administração Regional de Saúde do Centro (ARSC), com respetivamente 117, 41, 25, 17, 17, 15, 15 e 13 ligações diretas. Das restantes instituições presentes nesta rede, importa neste contexto destacar a Universidade de Aveiro (UA), a Universidade do Minho (UM), o Instituto Politécnico de Tomar (IPT), a Faculdade de Ciências Sociais e Humanas (FCSH/UNL), a Universidade de Évora (UE), e a Universidade de Trás-os-Montes (UTAD), que registam 39, 32, 26, 25, 21 e 20 ligações diretas, contribuindo em larga medida para o sistema de conhecimento nesta área científica.

Os valores da medida de intermediação reforçam a posição de destaque ocupada pela UC, CES, FCT/UC, Instituto Politécnico de Coimbra (IPC) e pela Escola Superior de Enfermagem de Coimbra (ESEnfC), sendo estes os principais atores intermediários nesta rede. A juntar a estas instituições de Coimbra, realça-se o papel ocupado pela Universidade de Aveiro (UA), Universidade do Minho (UM) e pela Faculdade de Ciências Sociais e Humanas (FCSH/UNL).

Dinâmicas espaciais

Um último aspeto a valorizar nesta análise diz respeito à identificação das relações espaciais de Coimbra com os restantes territórios (Figura 9). Se no ano de 2000 sobressaíam apenas as relações de colaboração nas áreas das ciências exatas e da engenharia e das ciências naturais e do ambiente, no ano mais recente são notórias as relações em todos os domínios científicos. Um outro comportamento diz respeito ao aumento do peso da colaboração internacional (de 16,1% em 2000 para 38,6% em 2010). Para o ano mais recente, são evidentes fortes ligações de Coimbra, a nível regional, com Cantanhede e Mortágua, a nível nacional, onde são visíveis relações com outros institutos e unidades de ensino superior (Porto, Aveiro, Lisboa, Braga), mas também empresas e associações (Moura, São Pedro do Sul). A nível internacional, destacam-se ligações a universidades e unidades de I&D, como os exemplos de Boston (Harvard Medical School), Buenos Aires (Universidad de Buenos Aires) e Varsóvia (Nencki Institute of Experimental Biology).

Figura 9. Rede de colaboração em projetos FCT com instituições de Coimbra, por localização geográfica e domínio científico, nos anos 2000 e 2010, segundo a medida de centralidade de grau

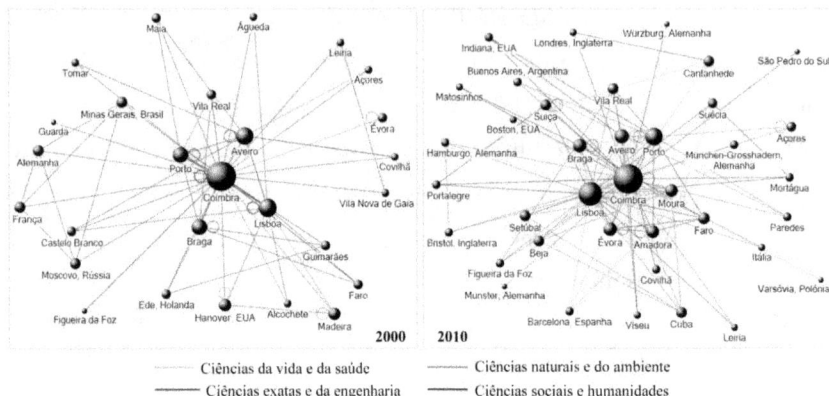

Ciências da vida e da saúde — Ciências naturais e do ambiente
Ciências exatas e da engenharia — Ciências sociais e humanidades

A tradução espacial da rede de colaboração institucional de Coimbra pode ainda ser analisada através da representação cartográfica de todas as unidades presentes na rede, bem como as relações entre elas. Para tal, fez-se a georreferenciação das instituições, com base no levantamento e introdução das coordenadas geográficas numa aplicação de SIG (*ArcInfo*). Posteriormente, a partir da construção de uma matriz origem-destino, foi utilizada a ferramenta *spider diagram tools*. Esta ferramenta possibilita a representação dos nós (instituições) e dos arcos (ligações/relações). A análise evidencia que a maior parte das relações envolvem instituições do continente europeu (Figura 10), de onde se destacam países como Espanha, Reino Unido, França e Alemanha, por apresentarem um maior número de unidades na rede. Ao nível do continente americano, realça-se a importância dos Estados Unidos da América, bem como do Brasil, ao contribuírem para a rede de conhecimento científico de Coimbra.

Figura 10. Rede de colaboração em projetos FCT com instituições de Coimbra entre 2000 e 2010

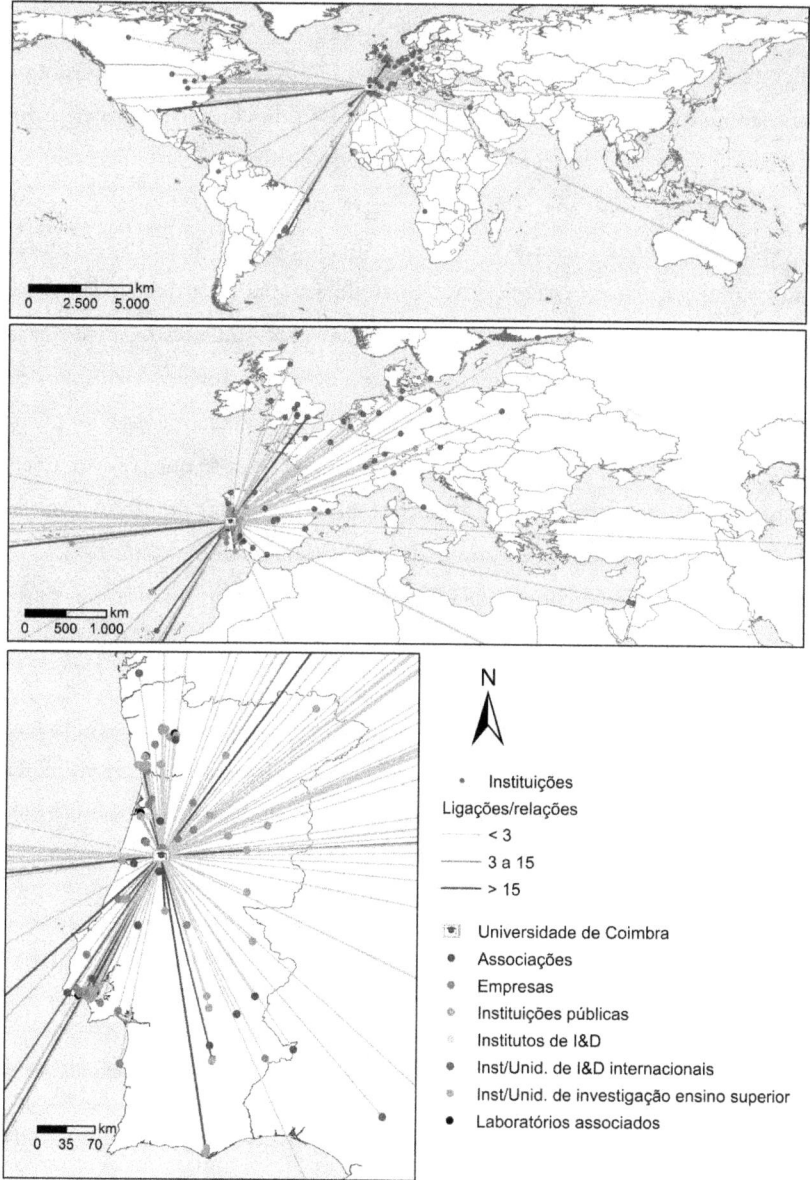

Notas Finais

A leitura das redes de colaboração científica constitui um excelente indicador para o delinear das políticas públicas, no sentido de reconhecer importância às redes existentes e fomentar o aparecimento de novas redes. Estas deverão ser vistas como mais-valias para a produção e difusão do conhecimento científico, capazes de promover processos de inovação determinantes para o desenvolvimento e aumento da capacidade competitiva dos territórios.

As colaborações e parcerias entre universidades, institutos de I&D, laboratórios, empresas e instituições públicas têm vindo a aumentar ao longo dos últimos anos. A Universidade de Coimbra, através das suas unidades de investigação, tem contribuído para o alargamento da rede de conhecimento científico, com reflexos visíveis no aproveitamento económico desse conhecimento e no próprio desenvolvimento do território. Contextualmente, verifica-se que o envolvimento das instituições de Coimbra assume especial importância nos domínios científicos das ciências exatas e da engenharia e das ciências da vida e da saúde.

Numa perspetiva territorializada, Coimbra tem vindo a intensificar as suas relações com outros territórios, na sua maioria áreas urbanas e com um conjunto de infraestruturas importantes para a promoção da inovação e das atividades de I&D. A abertura ao exterior (visível pelo reforço da internacionalização) e a combinação de redes de conhecimento locais e globais contribuem para a crescente visibilidade e afirmação da Universidade de Coimbra e das suas unidades de investigação.

Bibliografia

Andersson, E. & Persson, O. (1993). Networking scientists. *The Annals of Regional Science*, 27, 11-21.

Barabási, A. (2002). *Linked the new science of networks*. Cambridge Massachusetts: Perseus Publishing.

Baur, M.; Brandes, U.; Lerner, J. & Wagner, D. (2009). Group-level analysis and visualization of social networks. In Lerner, J.; Wagner, D. & Zweig, K. (ed.), Algorithmics of Large and Complex Networks (330-358). Berlin Heidelberg: Springer.

CE (3/3/2010) - EUROPA 2020 Estratégia para um crescimento inteligente, sustentável e inclusivo. Bruxelas: Comissão Europeia.

CE (9/2/2011). Livro Verde - Dos Desafios às Oportunidades: Para um Quadro Estratégico Comum de Financiamento da Investigação e Inovação da UE. Bruxelas: Comissão Europeia.

Etzkowitz, H. (2008). *The Triple Helix - University-Industry-Government-Innovation in Action.* Nova Iorque: Routledge.

Etzkowitz, H.; Webster, A.; Gebhardt, C. & Terra, B. (2000). The future of the university and the university of the future: Evolution of ivory tower to entrepreneurial paradigm. *Research Policy.* 29(2), 313-330.

Everton, S. (2004). *A Guide for the Visually Perplexed: Visually Representing Social Networks.* Stanford: Stanford University.

Fernandes, R. (2008). Cidades e Regiões do Conhecimento: Do digital ao inteligente - Estratégias de desenvolvimento territorial. Dissertação de Mestrado, Faculdade de Letras da Universidade de Coimbra, Portugal.

Freeman, L.; Roeder, D. & Mulholland, R. (1979). Centrality in Social Networks: II. Experimental Results. *Social Networks,* 2, 119-141.

Gama, R.; Fernandes, R. & Barros, C. (2013). Redes de I&D da Universidade de Coimbra: análise dos projetos de IC&DT financiados pela Fundação para a Ciência e Tecnologia (FCT). *Atas do IX Congresso da Geografia Portuguesa,* 241-246.

Gibbons, M.; Limoges, C.; Nowotny, H.; Scott, P. & Trow, M. (1994). *The new production of knowledge: The dynamics of science and research in contemporary society.* London: Sage.

Goldstein, H. (2010). The 'entrepreneurial turn' and regional economic development mission of universities. *Annals of Regional Science,* 44(1), 83-109.

Hansen, D., Shneiderman, B. & Smith, M. (2011). *Analyzing Social Media Networks with NodeXL.* USA: Elsevier.

Lemieux, V. & Ouimet, M. (2004). *Análise Estrutural das Redes Sociais. Epistemologia e Sociedade.* Lisboa: Instituto Piaget.

MCES (2002). Praxis XXI Intervenção Operacional Ciência e Tecnologia. Relatório Final Vertente FEDER. Lisboa: Ministério da Ciência e Ensino Superior.

MCTES (2006). Um Compromisso com a Ciência para o Futuro de Portugal: Vencer o atraso científico e tecnológico. Lisboa: Ministério da Ciência, Tecnologia e Ensino Superior.

Patricio, M. (2010). Science Policy and the Internationalisation of Research in Portugal. *Journal of Studies in International Education.* 14(2), 161-182.

PRESIDÊNCIA DO CONSELHO DE MINISTROS (2011). Programa do XIX Governo Constitucional. Lisboa: Presidência do Conselho de Ministros.

Smith M.; Shneiderman, B.; Milic-Frayling, N.; Rodrigues, E.; Barash, V.; Dunne, C.; Capone, T.; Perer, A. & Gleave, E. (2009). Analyzing (social media) networks with NodeXL. *C&T '09: Proc. fourth international conference on Communities and Technologies,* Electronic Edition, 2009 Acedido em 3 de Agosto de 2013, em http:// hcil2.cs.umd.edu/trs/2009-11/2009-11.pdf.

Wal, A. & Boschma, R. (2009). Applying social network analysis in economic geography: framing some key analytic issues. *The Annals of Regional Science,* 43(3) 739-756.

Wagner, C. (2008). *The New Invisible College - Science for Development.* Washington: The Brookings Institution Press.

Wilsdon, J. et al (2011). *Knowledge, networks and nations: global scientific collaboration in the 21st century.* Royal Society Policy document 03/11. London: The Royal Society.

Direção Geral de Estatísticas de Educação e Ciência - http://www.dgeec.mec.pt/

Fundação para a Ciência e Tecnologia - http://www.fct.pt/

Dinâmicas Empresariais, Redes de Inovação e Competitividade Territorial no Centro Litoral (Portugal). Uma Leitura a Partir dos Instrumentos de Apoio da Agência de Inovação (ADI)

Dynamic Business, Innovation Network and Territorial Competitiveness in "Centro Litoral (Portugal)". Reading from the Innovation Agency Support Instruments (ADI)

Ricardo Fernandes
Departamento de Geografia/Faculdade de Letras da Universidade de Coimbra,
CEGOT – Centro de Estudos em Geografia e Ordenamento do Território, Portugal.

Rui Gama
Departamento de Geografia/Faculdade de Letras da Universidade de Coimbra
CEGOT – Centro de Estudos em Geografia e Ordenamento do Território, Portugal.

Cristina Barros
Bolseira de investigação do Projeto PTDC/CS-GEO/105476/2008 "Policentrismo urbano,
conhecimento e dinâmicas de inovação" financiado pela Fundação para a Ciência e Tecnologia
CEGOT – Centro de Estudos em Geografia e Ordenamento do Território, Portugal.

DOI: http://dx.doi.org/10.14195/978-989-26-1197-6_5

Resumo

A análise do conhecimento e da inovação é central para entender a atual geografia da atividade económica, considerando diferentes indicadores e escalas geográficas de análise.

Considerando os projetos associados aos diferentes instrumentos de apoio disponibilizados pela Agência de Inovação (AdI), a investigação pretende perceber a evolução e a correspondente tradução espacial das redes de inovação do Centro Litoral de Portugal (Baixo Vouga, Baixo Mondego e Pinhal Litoral), tentando identificar as múltiplas escalas e dimensões transdisciplinares em que estas redes operam e avaliando o seu impacto no território. Consideraram-se os projetos e investimentos para o período de 2000 e 2012 e, recorrendo à metodologia de análise de redes sociais e do template NodeXL, elaborou-se uma matriz de relações das instituições participantes em cada projeto traduzida na construção de grafos tendo por base diversos algoritmos. Também foram calculadas um conjunto de métricas no sentido de analisar as relações entre os intervenientes que permitam compreender não apenas as ligações entre os atores intervenientes, mas sobretudo as implicações para a estrutura e dinâmica da referida rede de inovação. Para traduzir a espacialização das redes de inovação foi utilizado o ArcMap (ArcGis 10.2) e a ferramenta "spider tools" tendo por base uma matriz origem-destino.

Palavras-chave: Redes de inovação, Unidades de I&D, Agência de Inovação (AdI), Desenvolvimento Regional, Centro Litoral de Portugal.

Abstract

The analysis of knowledge and innovation is central to understanding the current geography of economic activity, considering different indicators and geographical scales of analysis.

Considering the projects associated with the various instruments of support provided by the Innovation Agency (ADI), research aims to understand the evolution and the corresponding spatial translation of the networks of innovation Litoral Centro de Portugal (Baixo Vouga, Lower Mondego and Pinhal Litoral), trying identify multiple scales and transdisciplinary dimensions in which these networks operate and assessing the impact on the territory. Were considered projects and investments for the period 2000 to 2012 and, using the methodology of social network analysis and NodeXL template, developed a matrix of relations of the participating institutions in each project translated in the construction of graphs based on various algorithms. They were also calculated a set of metrics in order to analyze the relationships between stakeholders that allow understand not only the links between those involved actors, but notably the implications for the structure and dynamics of the network of innovation. To translate the spatial innovation networks was used ArcMap (ArcGIS 10.2) and the tool "spider tools" based on a matrix origin-destination.

Key words: Innovation networks; R&D units; Innovation Agency; Regional development; "Centro Litoral" of Portugal

Nota Introdutória

As dinâmicas empresariais, industriais e de inovação têm vindo a integrar uma complexidade cada vez mais acentuada no conhecimento, nas novas tecnologias de informação e comunicação, na aprendizagem e nos processos de inovação e I&D interativos. Este conjunto de estratégias tem-se consubstanciado na tradução espacial de uma panóplia de atores (empresariais, institucionais e individuais) com trajetórias de inovação comuns e transversais. A par dos processos de inovação tecnológica, patentes de forma específica nas redes de inovação associadas às empresas e a outros agentes, o processo económico da inovação dos territórios e os seus atores têm sido solidificados com base em fatores que resultam da interação da inovação empresarial, social/institucional e das causas e efeitos tangíveis e intangíveis que daí resultam.

Se por um lado, a lógica e dinâmica dos fatores intangíveis e do seu enquadramento num sistema de inovação regional é central (nomeadamente no campo da existência de um capital intangível resultado do capital humano, da espessura institucional, do capital social e do capital intelectual), por outro, a dimensão tangível, traduzida nas diferentes infraestruturas de conhecimento, como as universidades, as unidades de I&D e o tecido empresarial, tem um papel preponderante na emissão, receção e sedimentação do capital intelectual, dos ativos centrais do capital social e das próprias redes de conhecimento científico e de inovação (Fernandes, 2008).

No quadro das redes de I&D e inovação, as políticas desenvolvimento tem vindo a evoluir no sentido da interatividade e integração dos territórios e dos seus elementos, apostando nas infraestruturas de conhecimento e inovação, mas principalmente na emergência dos fatores imateriais ao nível das ações inovadoras e da aprendizagem, assim como da promoção de um novo tipo de equipamentos que assentam em elementos tangíveis (unidades de I&D institucionais e nas empresas, incubadoras, parques de ciência e tecnologia, laboratórios, centros de transferência de tecnologia, entre outros) (Gama, 2004; Fernandes, 2008).

Pensando no enquadramento, nos processos e redes de inovação, os avanços das TIC e das relações entre ativos de inovação e I&D têm densificado as ligações entre investigadores/inovadores, universidades e unidades de I&D e inovação, passando-se e colaborações de índole local para colaborações no plano global, quer se pense na perspetiva do sistema científico e tecnológico quer no prisma da dinâmica das empresas.

Redes de inovação: "nós", ligações, fluxos e o carácter sistémico da inovação no território

A importância dos ativos e das dinâmicas de inovação nos territórios estão traduzidos na forma como os atores se relacionam entre si e numa perspetiva espacial. A lógica territorial da inovação e dos seus intervenientes (empresas, universidades, laboratórios, unidades de I&D, parques de ciência e tecnologia, entre outros) tem vindo a ser refletida na "arquitetura" e organização das diferentes interações e na evolução dos conceitos de rede e sistema de inovação, mesmo que muitas vezes cruzados e até confundidos. Para se analisarem redes de inovação é necessário ter-se em consideração que estas envolvem "processos de interação entre atores heterogéneos produzindo inovações em qualquer nível de agregação (regional, nacional, global)" (Pellegrin *et al*, 2007, p. 314).

Deste modo, o estudo das redes de inovação encontra-se associado à perceção das relações/ligações "interorganizacionais" entre empresas (preferencialmente inovadoras) e outros agentes de desenvolvimento como, por exemplo, universidades, unidades de I&D, administração local/nacional, ativos e instrumentos de política, entre outros, numa perspetiva de múltiplas interações (Debresson e Amesse, 1991; Pellegrin *et al.*, 2007). As redes de inovação traduzem mecanismos de difusão da inovação por meio da colaboração e interação entre os agentes de desenvolvimento territorial, emergindo como uma nova forma para a produção, disseminação e aplicação dos processos de inovação, aprendizagem coletiva e conhecimento.

Para Küppers e Pyka (2002) as redes de inovação assumem-se como formas de organização que permitem e fomentam a aprendizagem entre empresas, valorizam as suas complementaridades, a diversidade das áreas de conhecimento e traduzem a complexidade dos processos de inovação num contexto vincadamente marcado por sinergias entre ativos territoriais e por ambiente organizacional diverso.

De certa forma, as redes de inovação vêm dar sentido ao conceito e operacionalização dos sistemas de inovação territoriais, vincando a centralidade da ligação entre fontes, processos e conhecimento face à inovação, cuja ancoragem espacial se encontra, muitas das vezes, dispersa (Powell, Koput e Doerr-Smith, 1996). Paralelamente, a importância das redes de inovação assenta nos alicerces que promovem a sua formatação e processo de organização. A dinamização de redes de inovação poderá ser central para a "redução da incerteza e da complexidade inerentes ao processo de inovação (...), podendo (...) constituir uma resposta para reduzir a incerteza e grau de irreversibilidade do processo de inovação, reduzindo os investimentos individuais e os riscos da firma no desenvolvimento de um novo campo de conhecimento, aumentando a flexibilidade e reversibilidade dos comprometimentos e reduzindo a assimetria de informações sobre o mercado" (Pellegrin *et al*, 2007, p. 315).

Partindo do pressuposto que as estruturas organizadas em forma de rede de inovação reforçam a ligação entre os conhecimentos, competências e instrumentos de diferentes ativos do desenvolvimento, alguns dos elementos centrais a ter em conta na solidificação destas redes é a confiança, a rapidez da troca de informação e a efetiva cooperação entre os diferentes "nós". A coordenação entre atores e a própria densidade, intensidade e *outputs* da rede de inovação estão alicerçadas na crescente e sólida partilha de objetivos, comportamentos e na disseminação de conhecimento tácito e codificado no sentido da inovação interativa e inter-relacional.

Independentemente da diversidade dos atores no quadro da inovação e I&D no país e no Centro Litoral de Portugal, o sistema de inovação e a centralidade das redes de inovação deverão ser analisados, igualmente, no prisma da aplicação dos pressupostos destas instituições, nomeadamente no que se refere aos projetos dinamizados, investimentos realizados e redes estabelecidas pelos diversos atores na área de estudo. Como uma das esferas de análise, os projetos desenvolvidos com base nos instrumentos de apoio da Agência de Inovação (*AdI*), para além de serem uma das principais fontes de financiamento de apoio à inovação em Portugal, indicam-nos elementos para a caracterização do potencial do sistema de inovação, tecnologia e I&D português. Tendo em conta a metodologia de análise de redes sociais, torna-se central conhecer as redes de inovação do Centro Litoral de Portugal, prestando uma especial atenção às empresas como agentes fundamentais na dinamização de redes de inovação e na ancoragem destes novos processos de desenvolvimento económico e territorial a diferentes escalas. Num passado recente, tem-se verificado uma solidificação e alargamento das redes de inovação em Portugal e a uma escala cada vez mais abrangente, criando-se novos canais de disseminação de inovação e conhecimento, parcerias e lógicas de cooperação entre os diferentes ativos de inovação, conhecimento e I&D. As empresas, através da maior interação com as universidades e institutos de ensino superior e I&D, com a valorização da produção de conhecimento, inovação e de processos de aprendizagem (Etzkowitz, 2008), têm sido preponderantes para o fortalecimento de novos fatores de produção na economia atual (Gibbons *et al*, 1994; Fernandes, 2008).

Neste sentido, a dinâmica empresarial, mesmo que num universo mais restrito, tem sido marcada por um conjunto de estratégias que vinculam o reforço da colaboração e criação de um novo sistema de produção de inovação, onde as novas estratégias, novos investimentos e adoção de novas formas de fazer economia têm um papel central no fomento de relações entre o tecido empresarial e produtivo, as universidades e as unidades de I&D. O reforço destas ligações no âmbito da inovação têm fomentado uma passagem das colaborações de um prisma local/regional para a escala global, reconstruindo (setorial e espacialmente) a dinâmica económica e empresarial dos territórios e criando redes de inovação mais abrangentes e globais (Andersson *et al*, 1993).

Redes de inovação e competitividade no Centro Litoral de Portugal: projetos/investimentos da Agência de Inovação (AdI)

Dinâmicas de inovação no Centro Litoral de Portugal: reflexo e evolução dos investimentos e participação em projetos da Agência de Inovação (*AdI*)

No quadro da presente investigação, pretende-se perceber, com base na informação dos projetos e investimentos da Agência de Inovação (*AdI*), a evolução das redes de inovação do Centro Litoral de Portugal, tentando identificar as múltiplas escalas territoriais em que operam e as suas dimensões transdisciplinares, avaliando o seu impacto no território. Para se analisar a dinâmica da rede de inovação da área de estudo construiu-se uma base de dados dos projetos e investimentos da Agência de Inovação (*AdI*) para o período de 2000 a 2012. Consideraram-se apenas os projetos/investimentos com a participação de instituições localizadas no Centro Litoral de Portugal (Baixo Vouga, Baixo Mondego e Pinhal Litoral).

Para o período considerado (2000-2012), foram identificados 520 projetos (29,9% do total de projetos apoiados pela *AdI* no país, que perfazem cerca de 1739 projetos) (Quadro 1). Os projetos *AdI* dinamizados a partir do Centro Litoral (entre 2000 e 2012) integraram cerca de 230 milhões de euros de investimento, representando cerca de 41,9% do total do investimento geral dos projetos de todo o país (cerca de 559 milhões de euros) e envolveram cerca de 1472 unidades de inovação/empresas (cerca de 41,9% do total de instituições participantes envolvidas nos projetos de todas as entidades nacionais para o período de recolha, correspondentes a cerca de 3513 unidades de inovação).

Quadro 1. Instituições participantes e financiamento dos projetos da *Adi* em que participam instituições do Centro Litoral, entre 2000 e 2012

Anos	Participação do Centro Litoral								
	Projetos			Unidades/Empresas			Financiamento		
	Nº	%	% do total nacional	Nº	%	% do total nacional	(€)	%	% do total nacional
2000	7	1,3	15,9	20	1,4	16,4	742.073,5	0,3	12,3
2001	3	0,6	25,0	16	1,1	47,1	-	-	-
2002	39	7,5	26,5	70	4,8	28,2	13.892.902,1	6,1	30,7
2003	26	5,0	19,3	103	7,0	57,9	24.850.163,7	10,8	48,6
2004	14	2,7	16,5	23	1,6	22,1	3.023.598,9	1,3	24,8
2005	45	8,7	29,0	48	3,3	34,0	10.116.730,5	4,4	25,5
2006	76	14,6	31,3	208	14,1	43,8	19.040.147,9	8,3	41,2
2007	84	16,2	24,1	133	9,0	31,8	24.053.416,3	10,5	30,0
2008	30	5,8	26,5	77	5,2	33,5	6.728.380,4	2,9	27,7
2009	69	13,3	40,6	195	13,2	40,7	28.830.835,2	12,6	39,6
2010	61	11,7	40,9	189	12,8	42,2	31.836.163,0	13,9	44,4
2011	40	7,7	47,6	285	19,4	62,0	50.543.264,5	22,0	66,3
2012	26	5,0	50,0	105	7,1	60,7	15.849.776,3	6,9	47,7
Total	520	100	29,9	1472	100	41,9	229.507.452,1	100	41,1

Fonte: Agência de Inovação (http://www.adi.pt/).

Em termos evolutivos, nos primeiros anos verificou-se uma tendência de aumento dos projetos *AdI* para o Centro Litoral, sendo que em 2000 identificaram-se apenas 7 projetos e em 2001, 3 projetos, apoios que foram aumentando (de forma irregular) até ao ano de 2007, observando-se cerca de 84 projetos (Figura 1). Todavia, apesar de a partir deste ano até 2012 se verificar uma diminuição progressiva do número de projetos a interatividade e o efeito de rede foi aumentando, observando um maior número de unidades de inovação e empresas participantes, bem como uma maior expressividade do financiamento (mais representativo nos anos de 2009, 2010 e 2011) (Quadro 1). Pensando no período temporal da recolha, no último ano (2012) verificou-se uma ligeira diminuição em termos de projetos, participantes e investimento em projetos de inovação nas empresas e noutros agentes de desenvolvimento.

Figura 1. Evolução do número de projetos da *Adi* em que participaram instituições do Centro Litoral

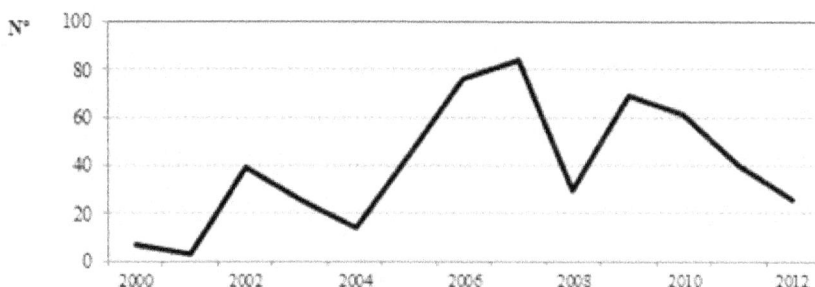

Fonte: Agência de Inovação (http://www.adi.pt/)

Ao nível das áreas tecnológicas, a participação das unidades de inovação/ empresas do Centro Litoral de Portugal não se traduz de forma homogénea nas diferentes áreas de ação dos agentes de desenvolvimento. Pensando no número de projetos, grande parte das iniciativas apoiadas pela Agência de Inovação (*AdI*) no Centro Litoral encontraram-se associadas à área tecnológica das TIC (cerca de 122 projetos entre 2000 e 2012, representando cerca de 23,5% do total dos 520 projetos identificados para a área de estudo) (Quadro 2).

Quadro 2. Projetos e financiamento da *Adi* em que participaram unidades do Centro Litoral, entre 2000 e 2012, segundo a área tecnológica.

Área Tecnológica	Projetos		Financiamento	
	Nº	%	Nº	%
Transferência de Tecnologia no âmbito do SCTN	34	6,5	19.632.895,65	8,6
Dinamização de Infraestruturas Tecnológicas, da Formação e da Qualidade	3	0,6	3.259.382,99	1,4
Projetos de Demonstração Tecnológica de Natureza Estratégica	1	0,2	198.636,35	0,1
Automação e Robótica	20	3,8	18.942.097,11	8,3
Biotecnologias	20	3,8	11.921.513,28	5,2
Eletrónica e Instrumentação	45	8,7	14.520.849,23	6,3
Energia	3	0,6	1.806.708,14	0,8
Engenharia Mecânica	48	9,2	33.167.328,62	14,5
Engenharia Química	29	5,6	10.146.209,36	4,4
Inserção de Doutores e Mestres nas Empresas	52	10,0	1.970.628,86	0,9
NEOTEC - Valorização do Potencial Empreendedor	3	0,6	161.661,18	0,1
Oficinas de Transferência de Tecnologia	3	0,6	599.500,00	0,3
Tecnologias Agrárias e Alimentares	25	4,8	10.695.209,33	4,7
Tecnologias da Construção	6	1,2	1.213.767,20	0,5
Tecnologias do ambiente	6	1,2	2.248.497,19	1,0
Tecnologias dos Materiais	72	13,8	28.050.005,42	12,2
TIC	122	23,5	62.536.383,65	27,2
Várias	28	5,4	8.436.178,58	3,7
Total	520	100	229.507.452,14	100

Fonte: Agência de Inovação (http://www.adi.pt/).

Existe igualmente uma representatividade dos projetos *AdI* do Centro Litoral na área das tecnologias dos materiais (72 projetos), engenharia mecânica (48), eletrónica e instrumentação (45), engenharia química (29), mas também em projetos de inserção de doutores e mestres nas empresas (52) e de transferência de tecnologia no âmbito do Sistema Científico e Tecnológico Nacional (34). Com menor expressividade ao nível do número de projetos, surgem as áreas da energia, dinamização da infraestruturas tecnológicas, da formação e da qualidade, NEOTEC – valorização do potencial empreendedor, oficinas de transferência de tecnologia (com 3 projetos em cada uma das áreas) e dos projetos de demonstração tecnológica de natureza estratégica (com apenas 1 projeto).

Figura 2. Projetos *Adi* com a participação de unidades do Centro Litoral, entre 2000 e 2012, segundo a localização geográfica das instituições participantes.

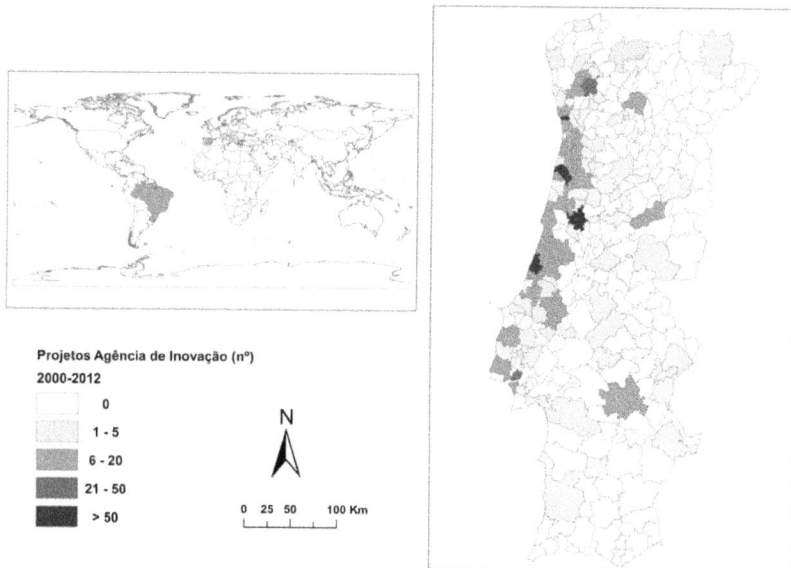

Na perspetiva do investimento dos projetos da Agência de Inovação (*AdI*) no Centro Litoral de Portugal, existem três áreas tecnológicas mais representativas, associadas principalmente às TIC (com cerca de 62,5 milhões de euros, representando 27,2% do total de investimento dos projetos realizados entre 2000 e 2012), engenharia mecânica (14,5%, cerca de 33 milhões de euros) e tecnologia dos materiais (12,2%, cerca de 28 milhões de euros). Também em áreas tecnológicas fortemente associadas à indústria e atividades conexas da área de estudo se verifica uma centralidade dos investimentos nos projetos, exemplos das áreas tecnológicas da automação e robótica (cerca de 19 milhões de euros), eletrónica e instrumentação (14,5 milhões de euros), biotecnologia (11,9 milhões de euros) e tecnologias agrárias e alimentares (10,6 milhões de euros), entre outras.

Numa perspetiva espacial, pensando os projetos *AdI* com a participação de unidades/instituições de empresas do Centro Litoral de Portugal (2000-2012), observa-se que, independentemente de alguns projetos terem abrangência internacional (Itália, Espanha, Brasil, Turquia, entre outros), grande parte deles assume uma distribuição espacial no território nacional (Figura 2). Com efeito, dos projetos identificados, destacam-se os ancorados a concelhos como Coimbra, Aveiro, Marinha Grande, São João da Madeira, Ovar, Feira, Pombal, Figueira da Foz, mas também a territórios "externos" ao Centro Litoral (que interagem em projetos com instituições da área de estudo), casos do Porto, Lisboa, Braga, Guimarães, Leiria, Matosinhos, Maia e Oeiras.

Redes de inovação no Centro Litoral: análise de redes sociais e dinâmicas espaciais dos instrumentos da *AdI*

Com base nos projetos integrados nos diferentes instrumentos de apoio da Agência de Inovação (*AdI*), pretende-se avaliar a dinâmica de evolução (2000 a 2012) e tradução espacial das redes de inovação do Centro Litoral de Portugal (Baixo Vouga, Baixo Mondego e Pinhal Litoral). Reconhecendo que os projetos de inovação financiados pela *AdI* promovem parcerias entre diferentes unidades de inovação e empresas nacionais e internacionais, recorreu--se à metodologia de análise de redes sociais, baseada na teoria dos grafos.

Esta metodologia visa entender as ligações entre os atores ou grupos intervenientes e as implicações dessas ligações para a estrutura e dinâmica da rede de inovação. Desta forma, a rede é constituída por um conjunto de pontos ou nós ligados por linhas, sendo que cada ponto representa um ativo de desenvolvimento (unidade de inovação/empresa) e as linhas a relação entre os atores (indicando, direta ou indiretamente, a direção e intensidade da relação). Para a presente análise foi imperativo a realização de uma recolha de informação feita projeto a projeto através da informação disponível no sítio internet da Agência de Inovação (*AdI*), que permitiu a construção de uma base de dados com informação sobre cada projeto, ativos intervenientes, áreas tecnológicas e localização geográfica para o período entre 2000 e 2012.

A partir do *template NodeXL (Microsoft Excel)*, elaborou-se uma matriz de relações dos agentes participantes em cada projeto *AdI* para o Centro Litoral. Esta ferramenta permite a construção de grafos a partir de diversos algoritmos.

Nesta análise utilizou-se o algoritmo de *Fruchterman-Reingold* que distribui os vértices de forma igual no espaço disponível, minimizando o cruzamento de arestas, deixando o tamanho das arestas uniforme e fornecendo simetria ao grafo (Smith *et al*, 2009). Deste modo, o algoritmo utilizado "simula um sistema de partículas onde os vértices representam pontos de massa que se repelem mutuamente, enquanto as arestas assumem o comportamento de molas com forças de atração" (Everton, 2004), sendo que os pontos representam cada um dos ativos/atores de desenvolvimento, ligados por linhas que evidenciam relações de colaboração no quadro da inovação.

A rede de inovação do Centro Litoral de Portugal assume uma grande complexidade no período global considerando (englobando cerca de 603 atores relacionados no período de 2000 a 2012), sendo evidente que o maior número de pontos ou nós corresponde a empresas (434 atores, correspondendo a 72% do total de ativos identificados no Centro Litoral), seguido pelos institutos e unidades de investigação e ensino superior (65, cerca de 10,8%), pelas associações (25, 4,1%) e pelas empresas internacionais (24, 4%) (Figura 3 e Quadro 3).

Com menor representatividade nesta rede de inovação global (2000--2012), observam-se atores ligados a parques de ciência e tecnologia (0,3%), institutos e unidades de I&D internacionais (0,3%), centros tecnológicos (1,2%), instituições públicas (2%), laboratórios associados (2,7%) e institutos de I&D (2,7%).

Figura 3. Rede de colaboração em projetos *Adi* com instituições do Centro Litoral, entre 2000 e 2012

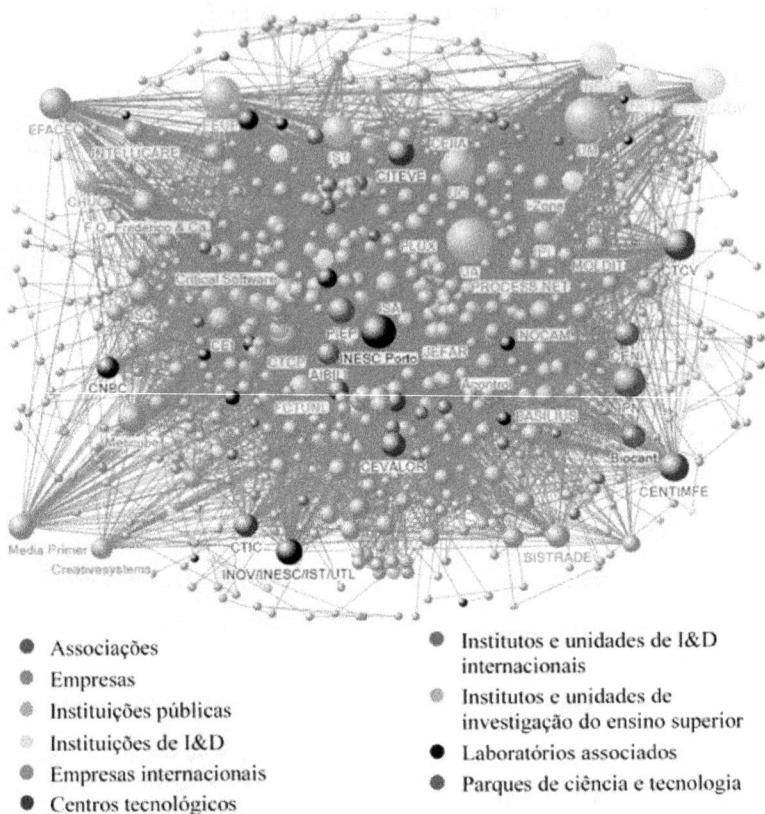

- ● Associações
- ● Empresas
- ● Instituições públicas
- ◔ Instituições de I&D
- ● Empresas internacionais
- ● Centros tecnológicos

- ● Institutos e unidades de I&D internacionais
- ◔ Institutos e unidades de investigação do ensino superior
- ● Laboratórios associados
- ● Parques de ciência e tecnologia

Para além da identificação dos diferentes "nós" e eixos de ligação entre atores de inovação, a metodologia valoriza medidas que procuram caraterizar a estrutura da rede e as relações entre os diferentes elementos (Quadro 4 e Figuras 4 a 11). Inicialmente, a rede de inovação do Centro Litoral (baseada nos projetos/investimentos da AdI para 2000-2012), para todas as áreas tecnológicas e tipos de instituições, é constituída por 603 nós (*vertices,* que correspondem a instituições de inovação proponentes e/ou participantes) e cerca de 5856 linhas/relações (*edges*). As diferentes medidas utilizadas permitem analisar a estrutura global da rede, como por exemplo a distância geodésica, o número médio de graus de separação e a densidade. Com efeito, a distância geodésica máxima corresponde à distância mais longa de um nó a outro, sendo que para esta rede de inovação (2000-2012) apresenta o valor de 8. O número médio de graus de separação, isto é, o número médio de nós que separa cada ator de inovação de um outro, é de 2,78.

Quadro 3. Categoria das instituições (vértices) da rede de colaboração em projetos da *Adi* com instituições do Centro Litoral.

Categoria de Instituição	Anos									
	2000-2005		2006-2009		2010-2012		2012		2000-2012	
	Nº	%	Nº	%	Nº	%	Nº	%	Nº	%
Associações	6	3,6	19	6,4	8	2,6	2	2,7	25	4,1
Empresas	102	60,7	190	63,5	238	78,3	48	64,0	434	72,0
Instituições públicas	2	1,2	8	2,7	6	2,0	5	6,7	12	2,0
Institutos de I&D	8	4,8	10	3,3	6	2,0	2	2,7	16	2,7
Institutos e unidades de investigação ensino superior	25	14,9	47	15,7	26	8,6	11	14,7	65	10,8
Laboratórios associados	5	3,0	10	3,3	10	3,3	5	6,7	16	2,7
Institutos e unidades de I&D internacionais	2	1,2	0	0,0	0	0,0	0	0,0	2	0,3
Parques de ciência e tecnologia	1	0,6	2	0,7	1	0,3	1	1,3	2	0,3
Empresas internacionais	13	7,7	8	2,7	2	0,7	0	0,0	24	4,0
Centros Tecnológicos	4	2,4	5	1,7	7	2,3	1	1,3	7	1,2
Total	168	100	299	100	304	100	75	100	603	100

Quadro 4. Medidas de análise da rede de colaboração em projetos da *Adi* com instituições do Centro Litoral.

Medidas	Anos				
	2000--2005	2006--2009	2010--2012	2012	2000--2012
Nº de nós	169	300	305	76	603
Nº de linhas/relações	919	1918	3019	321	5856
Distância geodésica máxima	9	9	7	5	8
Número médio de graus de separação	2,98	2,93	2,63	2,34	2,78
Densidade	0,06	0,04	0,06	0,11	0,03
Grau médio	10,14	11,67	18,30	8,16	16,85
Proximidade média	0,09	0,05	0,03	0,06	0,03
Intermediariedade média	102,41	222,05	236,30	35,18	475,66
Coeficiente médio de clusterização	0,76	0,74	0,75	0,81	0,74

A densidade (que varia entre 0 e 1 e indica o grau de conexão dos vértices ou nós na rede) é calculada pela divisão do número total de ligações pelo número máximo de ligações possíveis, sendo que quantos mais nós estiverem conectados de forma direta a outros nós, maior é a densidade. Na presente rede de inovação do Centro Litoral de Portugal, a densidade é de cerca de 0,03 como resultado da presença de um representativo número de instituições.

Figuras 4 a 11. Medidas de análise da rede de inovação dos projetos/investimentos da Agência de Inovação (*AdI*) no Centro Litoral de Portugal, entre 2000 e 2012.

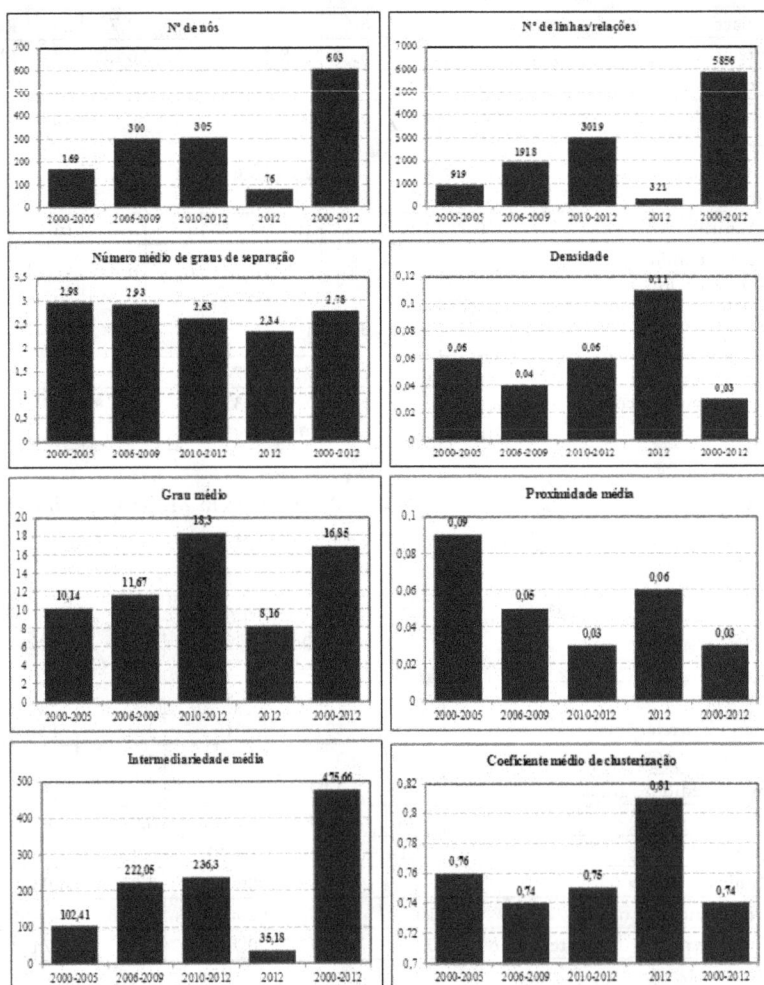

Ainda no contexto das métricas de análise da presente rede de inovação, são igualmente valorizadas medidas de centralidade que determinam a importância relativa de um vértice no grafo, exemplos da centralidade de grau (*Degree Centrality*), da centralidade de proximidade (*Closeness Centrality*) e da centralidade de intermediação (*Betweenness Centrality*) (Freeman, 1979). Neste sentido, o grau médio (*Degree Centrality*) corresponde ao número médio de nós (instituições/atores) a que cada nó da rede de inovação se encontra ligado.

A presente rede do Centro Litoral (para o período global de 2000-2012) apresenta um valor relativamente elevado (16,85), refletindo uma rede de inovação alargada constituída por um conjunto vasto de interações entre os diferentes atores. A proximidade (*Closeness Centrality*) é uma medida de análise que se baseia na distância geodésica, analisando o comprimento do caminho mais curto entre duas instituições/nós (Lemieux, 2004). De certo modo, esta medida de análise traduz a proximidade de cada instituição a todas as outras com as quais estabelece relação de inovação, sendo que no caso da presente rede o valor é de 0,03, reflexo de um relativo grau de abrangência de cada instituição a todas as outras com as quais se encontra ligada.

A intermediação (*Degree Centrality*) permite medir o grau de extensão na qual um nó se encontra situado entre os outros nós da rede, sendo importante para perceber a centralidade dos atores, a capacidade para aceder, (re)distribuir e controlar os diferentes fluxos de inovação a partir da sua posição intermediária. Quanto mais um ator se encontrar numa posição intermediária e numa situação em que os atores têm de passar por ele para chegar aos outros atores, maior capacidade de controlo terá sobre a circulação da informação entre essas instituições (Lemieux *et al*, 2004). Na rede de inovação de 2000-2012 o valor médio é de 475,66, traduzindo uma importância reforçada dos atores intermediários. Por último, ao nível da análise dos grupos, foi destacado o coeficiente de *clusterização* que quantifica quão conectado está um determinado vértice com os seus vizinhos (Hansen *et al*, 2011). Neste caso, tendo em conta o alargado número de atores de inovação envolvidos na presente rede entre 2000 e 2012, o valor médio é de 0,74.

Com base na análise das redes sociais, justificando-se a pertinência do estudo da rede de inovação do Centro Litoral para 2000-2012, é fundamental considerarem-se algumas medidas relativas aos "nós" integrantes da rede. No que concerne às medidas de centralidade (grau, proximidade e intermediação), para o período de 2000 a 2012, destacam-se algumas instituições e unidades de investigação e ensino superior, laboratórios associados, institutos de I&D e empresas, com valores de ligações significativos no quadro da rede de inovação do Centro Litoral de Portugal Continental.

No que se refere à medida de centralidade de grau, ao medir o número de conexões diretas de cada ator no grafo, temos boas indicações para a análise da importância das relações de cada uma das instituições com as restantes. Para o período global de 2000-2012, destacam-se os casos relacionados com o ensino superior, como a Universidade de Aveiro (210 ligações diretas com outros atores), a Universidade do Minho (202), a Faculdade de Engenharia da Universidade do Porto (158), a Universidade de Coimbra (120), o Instituto Superior Técnico (106). Também os laboratórios associados, de que são exemplo o INESC Porto (121) e o INOV/INESC (67), bem como o IPN - Associação Instituto Pedro Nunes (106) e o PIEP - Polo de Inovação em Engenharia de Polímeros (68), assumem valores representativos face ao número de ligações diretas que estabelecem com outros ativos de desenvolvimento na rede de inovação estudada.

Pensando em outro tipo de intervenientes, observa-se uma importância dos institutos de I&D (exemplos do INEGI, com 120 ligações diretas; CCG/ZGDV - Centro de Computação Gráfica, com 107 ligações; INETI, com 85) e de alguns centros tecnológicos, tais como o CTCV - Centro Tecnológico da Cerâmica e do Vidro (98 ligações), CTCP - Centro Tecnológico do Calçado de Portugal (91), CENTIMFE - Centro Tecnológico da Indústria de Moldes, Ferramentas Especiais e Plásticos (86) e o CITEVE - Centro Tecnológico das Industrias Têxtil e do Vestuário de Portugal (71 ligações diretas).

Como verificámos anteriormente, também as empresas assumem uma grande centralidade na rede de inovação global do Centro Litoral (2000-2012), existindo atores com uma importância significativa no número de ligações diretas que estabelecem no quadro da rede de inovação analisada. Desta forma, as que surgem com maior número de ligações são a EFACEC (103 ligações diretas), CEI - Companhia de Equipamentos Industriais Lda (84), Meticube (82), F.O. Frederico & Ca (77), ISA - Intelligent Sensing Anywhere SA (75), Critical Software (71) e Media Primer (69), entre outras. Pensando na métrica em análise e na especificidade da rede de inovação do Centro Litoral, os atores identificados beneficiam de uma maior centralidade, traduzindo o maior número de contactos diretos e uma maior "popularidade" no quadro das interações e ligações da presente redes.

A centralidade de proximidade, baseada no comprimento do caminho mais curto que liga dois atores, apresenta valores com uma forte discrepância entre as instituições presentes na rede, variando entre 0,0003 e 1,0000. Com efeito, surgem atores cujas ligações com outros ativos são pouco próximas, casos de algumas empresas (Contacto, Heurística, Kulzer, Mota II, Sodecia, Termolab, Vista Alegre Atlantis, VLM Consultores, entre outras) e institutos e unidades de investigação e ensino superior (Centro de Tecnologia Mecânica e Automação e Departamento de Eletrónica e Telecomunicações da Universidade de Aveiro, Departamento de Informática da Universidade de Évora).

No caso da centralidade de intermediação (encarada como uma boa medida para se perceber o "prestígio" dos atores e a sua capacidade como agentes de controlo da informação como intermediários), destacam-se com valores acima da média diferentes tipos de instituições. No quadro dos institutos e unidades de investigação e ensino superior, sublinham-se os casos da Universidade de Aveiro, da Universidade do Minho, da Universidade de Coimbra, da Faculdade de Engenharia da Universidade do Porto, do Instituto Superior Técnico e do Instituto Politécnico de Leiria. Paralelamente, verifica-se uma importância de intermediação em alguns centros tecnológicos (CTCV - Centro Tecnológico da Cerâmica e do Vidro, CENTIMFE - Centro Tecnológico da Indústria de Moldes, Ferramentas Especiais e Plásticos), institutos de I&D (exemplos do INEGI e INETI), associações (Instituto Pedro Nunes e PIEP - Polo de Inovação em Engenharia de Polímeros), laboratórios associados (Instituto de Telecomunicações, INESC Porto, entre outros) e empresas (exemplos da ISA, Critical Software, EFACEC, Amorim Cork, Active Space Technologies - Atividades Aeroespaciais SA, entre outras).

Independentemente do comportamento da rede de inovação global, refe-rente aos projetos/investimentos no âmbito dos instrumentos da Agência de Inovação (*AdI*) no Centro Litoral de Portugal para o período total de 2000 a 2012, torna-se importante perceber a evolução da rede de inovação em diferentes momentos do intervalo de tempo em estudo. Neste sentido, o comportamento dos atores e das suas ligações nos diferentes momentos, poderá ser um indicador importante para a perceção da evolução e maturidade da rede de inovação do Centro Litoral de Portugal no âmbito dos apoios da Agência de Inovação (*AdI*).

No quadro da base de dados e do âmbito temporal do presente estudo, no que se refere ao período inicial, de 2000 a 2005, verifica-se uma rede de inovação (naturalmente) menos densa face aos anos posteriores, excetuando apenas o caso da rede de inovação do Centro Litoral no ano isolado de 2012 (que será evidenciada posteriormente) (Figura 12).

Figura 12. Rede de colaboração em projetos *Adi* com instituições do Centro Litoral, entre 2000 e 2005

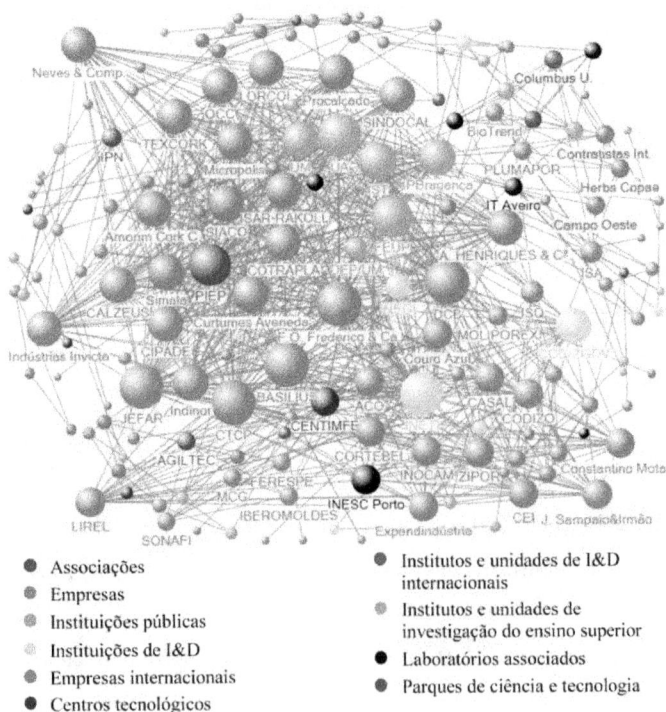

● Associações
● Empresas
● Instituições públicas
● Instituições de I&D
● Empresas internacionais
● Centros tecnológicos

● Institutos e unidades de I&D internacionais
● Institutos e unidades de investigação do ensino superior
● Laboratórios associados
● Parques de ciência e tecnologia

Neste momento em específico, a rede de inovação nesta área de estudo apresenta um total de 168 atores/instituições, sendo que as empresas, já à data, eram os ativos que tinham uma maior representatividade na rede (cerca de 102 empresas), seguidos dos institutos e unidades de investigação do ensino superior (25), das empresas internacionais (13) e dos institutos de I&D, reflexo, mesmo que embrionário, de uma centralidade das unidades de I&D e da sua relação com o tecido empresarial, bem como dos processos de internacionalização da rede de inovação do Centro Litoral de Portugal (Quadro 3).Relativamente às principais medidas de análise de redes sociais, a rede de inovação do Centro Litoral, para o período específico de 2000-2005, pode ser facilmente comparada, em termos evolutivos, com os diferentes momentos da análise e com a rede global. Com efeito, a rede de inovação identificada entre 2000 e 2005, excetuando o ano isolado de 2012, quando comparada com as restantes redes, reflete um menor número de nós (169), assim como um menor número de linhas/relações (919) (Quadro 4 e Figuras 4 a 11). A distância geodésica máxima é de 9, sendo semelhante à observada para a rede de inovação global do total de anos da recolha (2000-2012) e o número médio de graus de separação assume o valor de 2,98, sendo ligeiramente superior ao verificado nas restantes redes nos diferentes períodos e no total da recolha (indicando que nesta rede os atores não apresentam relações tão diretas como nas restantes). No que se refere ao grau médio, o seu valor também é inferior ao dos restantes períodos (10,14), muito devido ao menor número de ativos de desenvolvimento presentes nesta rede de inovação para 2000-2005. O mesmo comportamento verifica-se no caso do grau de intermediação médio, sendo que esta medida assume um valor inferior comparativamente às restantes redes em análise, o que indica uma menor importância dos atores intermédios presentes na rede de inovação em análise.

Ao nível da análise das redes sociais, justificando-se a pertinência do estudo da rede de inovação do Centro Litoral para 2000-2005, é central analisar-se algumas medidas relativas aos elementos (nós) presentes na rede. No que concerne às medidas de centralidade (grau, proximidade e intermediação), independentemente da presença de institutos de I&D (como o INETI com 41 ligações diretas) e institutos e unidades de investigação e ensino superior (como a Universidade de Aveiro, com 41 ligações, a Faculdade de Engenharia da Universidade do Porto com 37 e o Instituto Superior Técnico com 31, entre outros), fortalece-se o papel das empresas como "nós" com um conjunto alargado de ligações diretas com outros ativos territoriais e de desenvolvimento. Com efeito, destacam-se os exemplos da FO Frederico&Ca (45 ligações diretas), Basilius (43), DCB - Componentes e calçado Lda e Jefar - Indústria de Calçado SA (43), Curtumes Aveneda (29), a. henriques & Cª, Amorim Cork, Calzeus, Indinor (28), entre outras.

Para além da importância reforçada das empresas ao nível do número de ligações diretas a outros agentes, torna-se pertinente analisar, igualmente, a centralidade de proximidade, que apresenta valores com uma forte discrepância entre as instituições presentes na rede, variando entre 0,001 e 1,0000. Com valores de 1,000 surgem atores cujas ligações com outras ativos são pouco próximas, casos de algumas empresas (Heurística, Novabase Porto, TEandM, Termolab). Com proximidades intermédias (valores de 0,500) surgem exemplos de empresas (Novamed e LA Medical), associações (AIBILI), centros tenológicos (CATIM - Centro de Apoio Tecnológico á Indústria Metalomecânica) e um laboratório associado (LIP - Laboratório de Instrumentação e Física Experimental de Partículas – Coimbra). Opostamente, com ligações mais próximas (valores próximos de 0,001), surgem também alguns casos de empresas (Maçarico, Rinave, Peixinhos, Cires SA, Stab Vida, entre outras), instituições públicas (IPO Coimbra), institutos e unidades de investigação e ensino superior (Faculdade de Medicina da Universidade de Coimbra, Departamento de Engenharia Cerâmica e do Vidro da Universidade de Aveiro), institutos de I&D (IMAR - Instituto do Mar - Departamento de Zoologia da Universidade de Coimbra e ISR - Instituto de Sistemas e Robótica), entre outros.

Em relação à centralidade de intermediação, destacam-se com valores acima da média diferentes tipos de instituições. No quadro dos institutos e unidades de investigação e ensino superior, sublinham-se os casos da Universidade de Aveiro, Instituto Superior Técnico e da Faculdade de Engenharia da Universidade do Porto, entre outros. Observa-se, igualmente, uma importância de intermediação em alguns casos de centros tecnológicos (CENTIMFE - Centro Tecnológico da Indústria de Moldes, Ferramentas Especiais e Plásticos), institutos de I&D (exemplos do INEGI, INETI, CCG/ZGDV - Centro de Computação Gráfica, ISR - Instituto de Sistemas e Robótica, entre outros), associações (PIEP - Polo de Inovação em Engenharia de Polímeros), laboratórios associados (Instituto de Telecomunicações de Aveiro), mas principalmente de empresas (exemplos da Setsa - Sociedade de Engenharia e Transformação SA, Moliporex - Moldes Portugueses Importação Exportação SA, ISA - Intelligent Sensing Anywhere SA, Basilius - Empresa Produtora de Calçado SA, Jefar - Indústria de Calçado SA, Bresfor - Indústria do Formol SA, Distrim 2 - Indústria, Investigação e Desenvolvimento Lda, Iber-Oleff - Componentes Técnicos em Plástico SA, entre outras).

Relativamente à rede de inovação do Centro Litoral de Portugal, para o período de 2006-2009, a densidade e importância da rede aumenta face ao período de análise transato (Figura 13). Neste período, a rede de inovação densificou-se apresentando cerca do dobro de atores/instituições (299), com uma solidificação da importância das empresas como agentes com maior importância na rede de inovação do Centro Litoral neste momento de análise (190 empresas num universo de 299 instituições) (Quadro 3). Existe, igualmente, um reforço do papel dos institutos e unidades de investigação do ensino superior (47) e um, ainda mais significativo, aumento das interações e presença de associações (19). No quadro dos processos de internacionalização, no período de 2006 a 2009, existe uma ligeira redução de instituições associadas a empresas internacionais (cerca de 8, face às 13 identificadas no período anterior) e dos institutos e unidades de I&D internacionais (sem nenhum ator representado no momento em análise). Pese embora a diminuição dos ativos empresariais internacionais, em grande parte das tipologias de instituições/atores, registou-se um aumento dos intervenientes, exemplos das instituições públicas (8), institutos de I&D (10) e laboratórios associados (10), entre outros.

Figura 13. Rede de colaboração em projetos *Adi* com instituições do Centro Litoral, entre 2006 e 2009

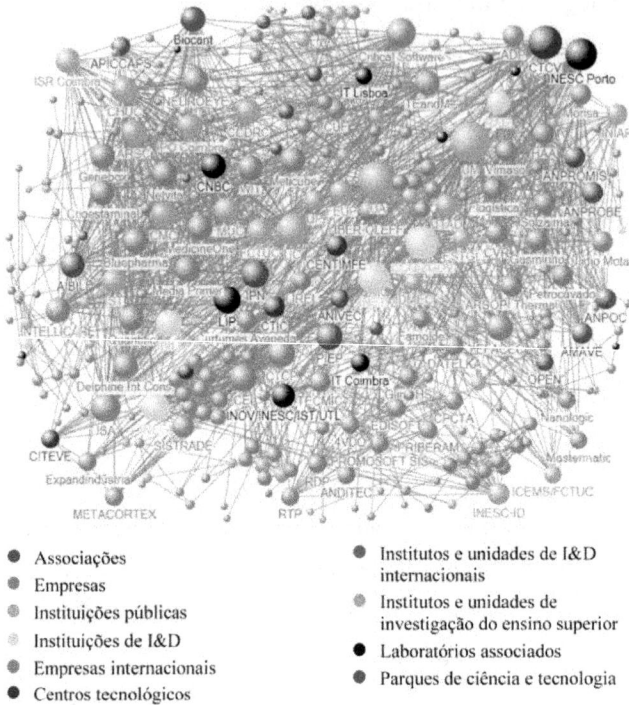

- Associações
- Empresas
- Instituições públicas
- Instituições de I&D
- Empresas internacionais
- Centros tecnológicos

- Institutos e unidades de I&D internacionais
- Institutos e unidades de investigação do ensino superior
- Laboratórios associados
- Parques de ciência e tecnologia

Em relação às principais medidas de análise de redes sociais, a rede de inovação do Centro Litoral para o período específico de 2006-2009 densifica-se, aumentando o número de nós (300) e, de forma ainda mais significativa, o número de linhas/relações (1918) (Quadro 4 e Figuras 4 a 11).

A distância geodésica máxima é igual à do período anterior (2000-2005) e o número médio de graus de separação traduz o valor de 2,93, sendo ligeiramente inferior ao verificado no momento anterior, refletindo ainda um conjunto de relações menos diretas entre os intervenientes e atores da rede de inovação do Centro Litoral para 2006-2009. No caso do grau médio, verifica-se um ligeiro aumento para 11,67, refletindo, principalmente, o maior número de intervenientes na rede, contudo sendo apenas superior ao período anterior

(2000-2005) e ao ano isolado de 2012. À semelhança do indicador anterior, o grau de intermediação médio aumenta face ao momento anterior, apresentando contudo ainda uma importância mais reduzida dos atores intermédios presentes na rede de inovação relativamente ao verificado entre 2010 e 2012 e na rede global do Centro Litoral (2000-2012).

Numa outra perspetiva, é igualmente importante analisar algumas medidas relativas aos diferentes nós presentes na rede em análise. No que concerne às medidas de centralidade, para o período de 2006 a 2009, evidenciam-se os casos relacionados com o ensino superior, como a Universidade de Aveiro (75 ligações diretas com outros atores), a Universidade do Minho (79), a Universidade de Coimbra (51) e a Faculdade de Ciências da Terra da Universidade de Coimbra (32), bem como os laboratórios associados (exemplos do INESC Porto, com 50 ligações diretas e o LIP - Laboratório de Instrumentação e Física Experimental de Partículas de Coimbra, com 36 ligações), associações, como o Instituto Pedro Nunes (37), os centros tecnológicos (exemplo do CTCV - Centro Tecnológico da Cerâmica e do Vidro, com 56 ligações diretas) e as instituições públicas (caso do Centro Hospitalar da Universidade de Coimbra, com 33 ligações). Neste contexto, também são de destacar alguns exemplos representativos de institutos de I&D (como o INETI, INEGI e o IBILI) e empresas (casos da Critical Software, com 44 ligações) e EFACEC (34 ligações), entre outras.

Ao nível da centralidade de proximidade, a rede de inovação para 2006-2009 apresenta igualmente uma forte discrepância de valores entre os atores, variando entre 0,0007 e 1,0000. Neste quadro, surgem atores cujas ligações com outros ativos são pouco próximas (ou mais distantes), casos de algumas empresas (Flor de Utopia, Kulzer, Meatheki, ATGC e Sodecia) e institutos e unidades de investigação e ensino superior (Centro de Tecnologia Mecânica e Automação e Departamento de Eletrónica e Telecomunicações da Universidade de Aveiro, Departamento de Eletrónica e Telecomunicações da Universidade de Aveiro). Com valores intermédios surgem exemplos principalmente no quadro das empresas (Microfil, Primavera, Saludães, Cuétara, STAB Vida, Vortal, entre outras).

Relativamente à centralidade de intermediação, independentemente da importância das empresas na rede de inovação do Centro Litoral, as instituições que maior poder de intermediação têm estão associadas aos institutos e unidades de investigação e ensino superior (Universidade de Aveiro, Minho e Coimbra e Instituto Superior Técnico). Também com alguma representatividade ao nível da capacidade de intermediação, surgem exemplos destacados de centros tecnológicos (CTCV - Centro Tecnológico da Cerâmica e do Vidro e CENTIMFE - Centro Tecnológico da Indústria de Moldes, Ferramentas Especiais e Plásticos), associações (Instituto Pedro Nunes e PIEP - Pólo de Inovação em Engenharia de Polímeros), institutos de I&D (INETI, INEGI e CCG/ZGDV - Centro de Computação Gráfica), laboratórios associados (INESC Porto) e empresas (CUF, ISA - Intelligent Sensing Anywhere SA, Critical Software, entre outras).

A rede de inovação do Centro Litoral de Portugal, para o período de 2010-2012, é a que traduz uma maior densidade e complexidade (Figura 14). Das cerca de 304 instituições, vinca-se a centralidade das empresas como ativos de maior representatividade na rede de inovação do Centro Litoral (238 empresas), seguidas da importância, mesmo que com menor intensidade do que no período anterior (2006-2009), dos institutos e unidades de investigação do ensino superior (26), laboratórios associados (10) e associações (8), entre outros. Apesar de um maior número de instituições presentes na rede de inovação do Centro Litoral em 2010-2012, observa-se uma nítida retração de atores ligados a processos de I&D e internacionalização, com apenas 6 institutos de I&D e 2 empresas internacionais presentes na rede em análise.

Figura 14. Rede de colaboração em projetos *Adi* com instituições do Centro Litoral, entre 2010 e 2012

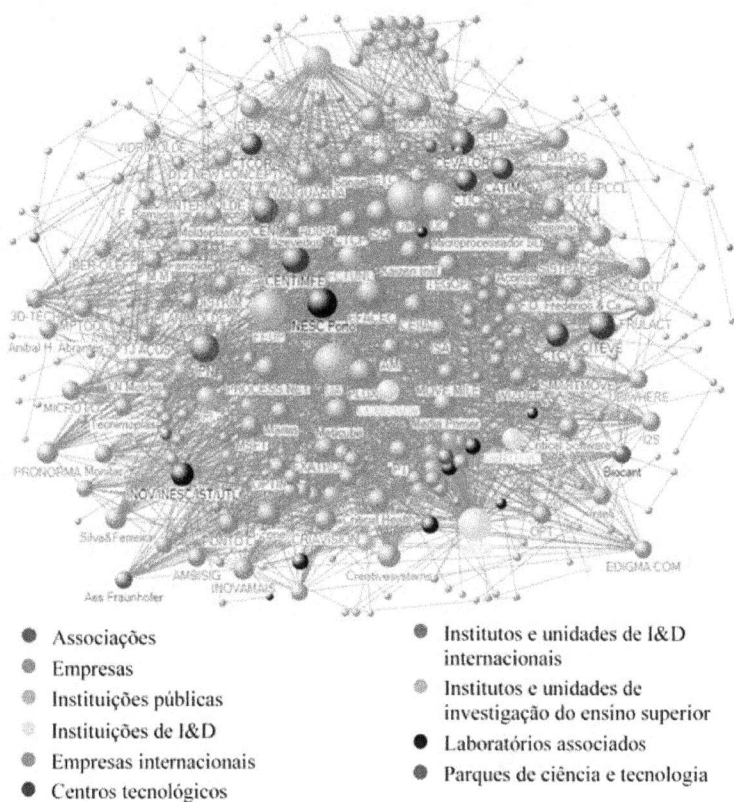

● Associações
● Empresas
● Instituições públicas
○ Instituições de I&D
● Empresas internacionais
● Centros tecnológicos

● Institutos e unidades de I&D internacionais
● Institutos e unidades de investigação do ensino superior
● Laboratórios associados
● Parques de ciência e tecnologia

Independentemente da diminuição dos ativos empresariais internacionais e, de forma global, de instituições associadas ao ensino e às atividades de I&D, observou-se uma maior concentração e interação do tecido empresarial na rede de inovação, significando cerca de 78,3% do total de instituições integrantes da rede no Centro Litoral. Apesar da relativa perda de importância dos ativos internacionais e do sistema científico e tecnológico nacional, existiu, neste período mais recente, uma afirmação e solidificação da centralidade das empresas no quadro dos processos e ligações no âmbito da inovação.

No que se refere às principais medidas de análise de redes sociais, a rede de inovação do Centro Litoral para o período específico de 2010-2012, observa--se uma densificação da rede, traduzida, principalmente, com o aumento, mesmo que residual face a 2006-2009, do número de nós (305) e, de forma mais significativa, do número de linhas/relações (3019) (Quadro 4 e Figuras 4 a 11). Apesar dos elementos da rede serem em número muito aproximado, observa-se uma maior interatividade e associação entre eles, refletindo um aumento significativo do número e intensidade de relações/interações entre eles (linhas/eixos de ligação).

Relativamente às restantes métricas de análise, verifica-se uma distância geodésica máxima de 7 (inferior à dos períodos anteriores analisados) e um número médio de graus de separação com o valor de 2,63, sendo ligeiramente inferior ao verificado nos momentos anteriores, reflexo de um ligeiro aumento das ligações diretas entre os intervenientes e atores da rede de inovação do Centro Litoral (2010-2012). No que concerne ao grau médio, observa-se um aumento significativo para 18,30, refletindo um acréscimo dos intervenientes na rede. Com o mesmo comportamento do grau médio, a intermediação média aumenta face aos períodos anteriores, apresentando contudo ainda uma menor importância de atores intermédios presentes na rede de inovação global do Centro Litoral (2000-2012).

No que se refere às principais medidas de centralidade, mantêm-se as principais tendências verificadas nas redes para os períodos anteriores. Isto é, observa-se uma centralidade do número de ligações diretas nos institutos e unidades de investigação e ensino superior, exemplos da Universidade de Aveiro (128 ligações diretas), Universidade do Minho (117), Faculdade de Engenharia da Universidade do Porto (116), Universidade de Coimbra (95) e Instituto Superior Técnico (69), entre outras, mas também no caso institutos de I&D (INEGI com 93 ligações), laboratórios associados (INESC Porto), centros tecnológicos (CENTIMFE - Centro Tecnológico da Indústria de Moldes, Ferramentas Especiais e Plásticos, com 64 ligações, o CITEVE - Centro Tecnológico das Industrias Têxtil e do Vestuário de Portugal, com 61 ligações diretas e o CEVALOR - Centro Tecnológico para o Aproveitamento e

Valorização das Rochas Ornamentais e Industriais, com 51 ligações), associações (Instituto Pedro Nunes (com 71 ligações diretas e o CENI - Centro de Integração e Inovação de Processos, Associação de I&D, com 60) e empresas (exemplos da Efacec, com 78 ligações, Meticube, 58 ligações, Plux, com 56, Inocam e CEI, com 51 ligações diretas).

No caso da centralidade de proximidade, as desigualdades entre instituições mantêm-se, observando-se uma variação da métrica entre 0,0007 e 1,0000. No caso específico da rede de inovação do Centro Litoral para 2010-2012, destacam-se os casos de empresas cujas ligações com outras ativos são pouco próximas, exemplos da ADAI, Bluepharma, Contacto, Luzitin, Mota II, Vista Alegre Atlantis, VLM Consultores e WSBP Electronics. As restantes instituições estabelecem neste período ligações mais distantes, com valores, em termos médios, mais próximos do mínimo (0,0007).

A centralidade de intermediação traduz comportamentos muito semelhantes à rede do período anterior, com forte representatividade dos institutos e unidades de investigação e ensino superior (Universidades de Coimbra, Aveiro, Minho e Instituto Superior Técnico), institutos de I&D (INEGI), laboratórios associados (INESC Porto e Instituto de Telecomunicações de Aveiro) e empresas (Portugal Telecom, Frutlac, entre outras), como atores como maior capacidade de intermediação, logo com maior centralidade e popularidade na rede de inovação.

Para se pensar a trajetória evolutiva da rede de inovação Centro Litoral de Portugal para o período global de 2010-2012, torna-se igualmente interessante perceber o comportamento dos nós e ligações num momento mais recente e de forma individualizada. Como seria de esperar, dado tratar-se apenas de um ano, a rede de inovação do Centro Litoral para 2012 é a que traduz uma menor densidade e complexidade (Figura 15). Das cerca de 75 instituições/atores, continua a verificar-se uma centralidade das empresas como ativos de maior representatividade na rede de inovação (48 empresas), seguida da importância, mesmo que com menor intensidade do que no período anterior (2010-2012), dos institutos e unidades de investigação do ensino superior (11), laboratórios associados (5) e associações (2), entre outros.

Figura 15. Rede de colaboração em projetos *Adi* com instituições do Centro Litoral, em 2012

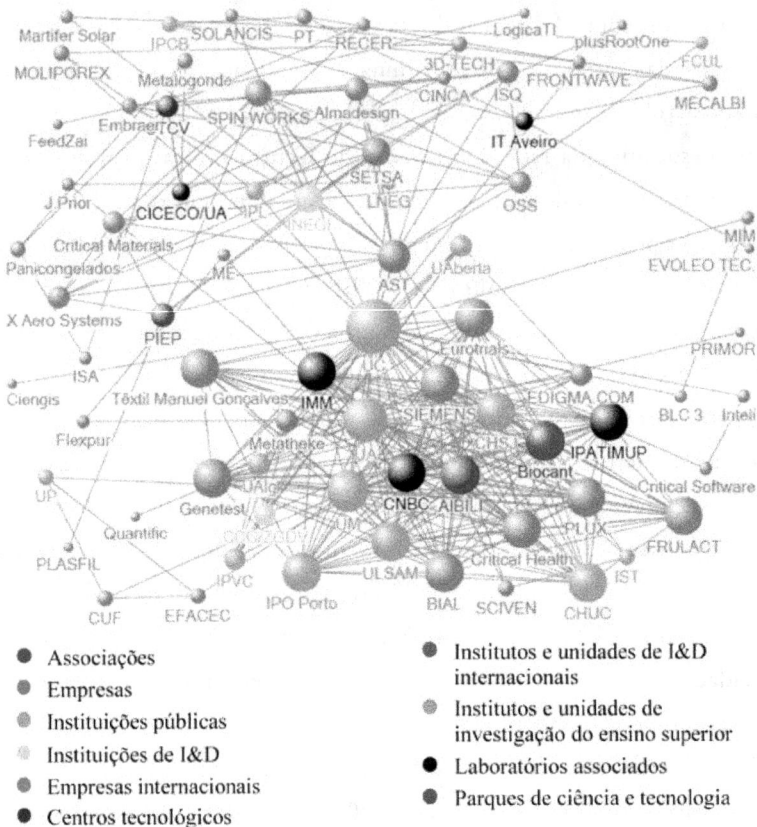

- ● Associações
- ● Empresas
- ◉ Instituições públicas
- ◌ Instituições de I&D
- ● Empresas internacionais
- ● Centros tecnológicos
- ● Institutos e unidades de I&D internacionais
- ◉ Institutos e unidades de investigação do ensino superior
- ● Laboratórios associados
- ● Parques de ciência e tecnologia

Independentemente da ausência dos ativos empresariais internacionais, observou-se uma concentração e interação do tecido empresarial na rede de inovação (2012), significando cerca de 64% do total de instituições integrantes da rede. Apesar da perda de importância dos ativos internacionais e do sistema científico e tecnológico nacional, continuou, neste período mais recente, uma solidificação da centralidade das empresas no âmbito da rede de inovação em análise.

No que se refere às principais medidas de análise de redes sociais, a rede de inovação do Centro Litoral para o ano específico de 2012, observa-se uma menor representatividade da rede, com cerca de 76 nós e 321 linhas/relações (Quadro 4 e Figuras 4 a 11). Relativamente às restantes métricas de análise, verifica-se uma distância geodésica máxima de 5 (ligeiramente inferior à dos períodos anteriores analisados) e um número médio de graus de separação com o valor de 2,34, inferior ao verificado nos momentos anteriores, reflexo de um ligeiro aumento das ligações diretas entre os intervenientes e atores da rede de inovação do Centro Litoral (fruto da existência de um menor número de nós, relações e intervenientes). No caso do grau médio, observa-se uma redução significativa para 8,16, refletindo uma natural redução dos intervenientes na rede para o ano em análise. Com o mesmo comportamento do grau médio, a intermediação média é menor face aos momentos de análise anteriores, sublinhando a perda de importância dos atores intermédios presentes na rede de inovação global do Centro Litoral (2012) e, em paralelo, a maior importância das relações de índole mais direta.

Apesar de se tratar de uma rede de inovação mais reduzida, dado refletir apenas o ano mais recente (2012), também se torna importante perceber de que forma se comportam as medidas de centralidade. No que se refere ao número de ligações diretas, os comportamentos genéricos mantêm-se relativamente às redes de inovação estudadas nos períodos anteriores, embora comecem por surgir outros atores específicos que não integravam a rede no passado. Independentemente dos institutos e unidades de investigação e ensino superior serem as unidades com um maior número de ligações diretas (Universidade de Coimbra com 38, Universidade de Aveiro com 25 e Universidade do Minho com 22), começam a surgir novas instituições na rede de inovação para este território, exemplos do Biocant (com 19 ligações diretas e enquadrado na tipologia de parque de ciência e tecnologia), os Centros Hospitalares de São João (Porto) e da Universidade de Coimbra (com 19 ligações), bem como novos laboratórios associados que não foram identificados nas redes anteriores (Centro de Neurociências e

Biologia Celular, Instituto de Medicina Molecular, IPATIMUP - Instituto de Patologia e Imunologia Molecular da Universidade do Porto, todos com 19 ligações).

Também no quadro das empresas, para além dos exemplos da Frulact e Plux (com 19 ligações e que já tinham surgido nas redes anteriores), são identificadas, com um número considerável de ligações diretas, novas empresas, como os exemplos da Bial, Critical Health, Eurotrials, Geneteste, Siemens e Têxtil Manuel Gonçalves, entre outras, refletindo uma certa renovação dos intervenientes empresariais na rede de inovação do Centro Litoral de Portugal.

A centralidade de proximidade apresenta valores com alguma discrepância entre as instituições presentes na rede, variando entre 0,004 e 1,0000 (apenas dos atores empresariais, casos da FeedZai - Consultadoria e Inovação Tecnológica SA e da LogicaTI Portugal SA). Para a rede de inovação do ano de 2012 no Centro Litoral e mediante a menor dimensão da rede, apenas alguns atores assumem valores a considerar ao nível da centralidade de intermediação. Desta forma, com maior "popularidade" e capacidade de intermediação no Centro Litoral em 2012, surgem as Universidades de Coimbra, Aveiro e Minho, do Instituto Politécnico de Leiria, bem como exemplos de algumas empresas (exemplos da Active Space Technologies Atividades Aeroespaciais SA, Setsa - Sociedade de Engenharia e Transformação SA, Almadesign - Conceito e Desenvolvimento de Design Lda, Spin Works Lda, Metalogonde - Indústria Metalomecânica Lda e Panicongelados - Massas Congeladas SA).

Um último aspeto que deve ser tido em conta tem que ver com a identificação das relações espaciais da rede de inovação do Centro Litoral de Portugal para o período global de 2000 a 2012 (Figuras 16 e 17).

A tradução espacial desta rede de inovação deve ser analisada através da representação cartográfica de todas as unidades presentes na rede, bem como das relações entre elas. A partir da georreferenciação dos atores da rede, com base no levantamento e introdução das coordenadas geográficas numa aplicação de SIG (*ArcInfo*), construiu-se uma matriz origem-destino utilizando-se a ferramenta *spider diagram tools* (ferramenta que possibilita a representação dos nós/instituições/atores e dos arcos/ligações/relações.

Figura 16. Rede de colaboração em projetos da *Adi* com instituições do Centro Litoral entre 2000 e 2012

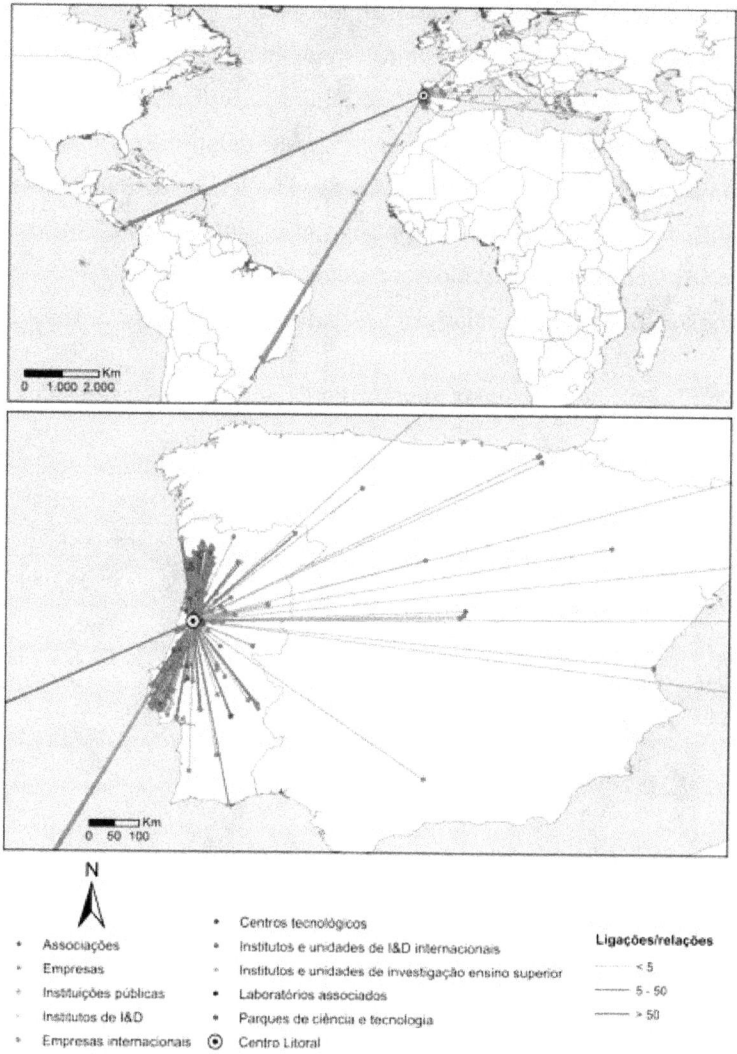

A análise evidencia que a maior parte das relações de inovação envolvem instituições do continente europeu (Figura 16), de onde se destacam países como Espanha e Turquia, bem como alguns exemplos de ligações com a América do Sul e Central. Numa perspetiva de internacionalização, pensando na rede de inovação, também são de destacar alguns atores empresariais internacionais importantes para o Centro Litoral e para as interações com base na inovação. Com efeito, num contexto internacional, identifica-se uma centralidade na rede de empresas do Brasil (Campo Oeste, Melro Brasil, Pomartec Agronegócios Ltda, Pomesul Frutas Ltda, Scientia, Consultoria Científica Ltda, WiNetworks), Panamá (Contratistas Internacionales SA, Herbs Copae SA), Espanha (Das Photonics SL, Doimak, Euroortodoncia SL, Fundación Tekniker, Goizper S. Coop, IC Neuronic, Pricast Control Systems SL, Promi Forja, Thyssenkrupp Norte SA, Viveros El Pinar Sociedad Cooperativa), Turquia (Bierens m.b.v., Gteymhs), Chipre (Sigint Solutions Ltd) e Itália (Stam srl), entre outros.

Figura 17. Rede de colaboração em projetos da *Adi* com instituições do Centro Litoral entre 2000 e 2012

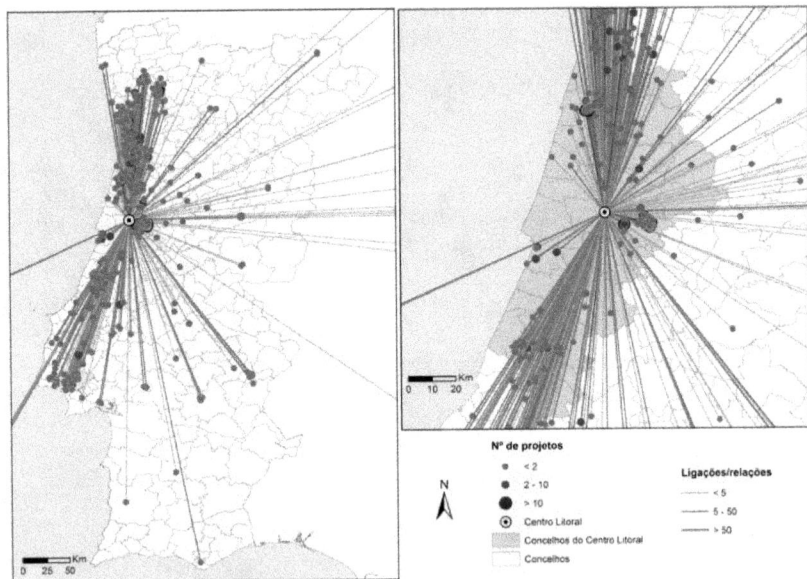

Quer pensando na rede de inovação global do Centro Litoral de Portugal (2000-2012) (Figura 17), quer considerando a rede de inovação do ano mais recente (2012) (Figura 18), a tradução espacial à escala nacional e regional é muito semelhante. Pensando principalmente no primeiro dos casos, embora existam atores mais dispersos no território nacional (muitos deles associados a empresas "âncora", a institutos e unidades de investigação e ensino superior), grande parte das instituições que integram a rede e encetam as interações de inovação concentram-se nos principais territórios urbanos e urbano-industriais do Litoral do país.

Figura 18. Rede de colaboração em projetos da *Adi* com instituições do Centro Litoral no ano de 2012

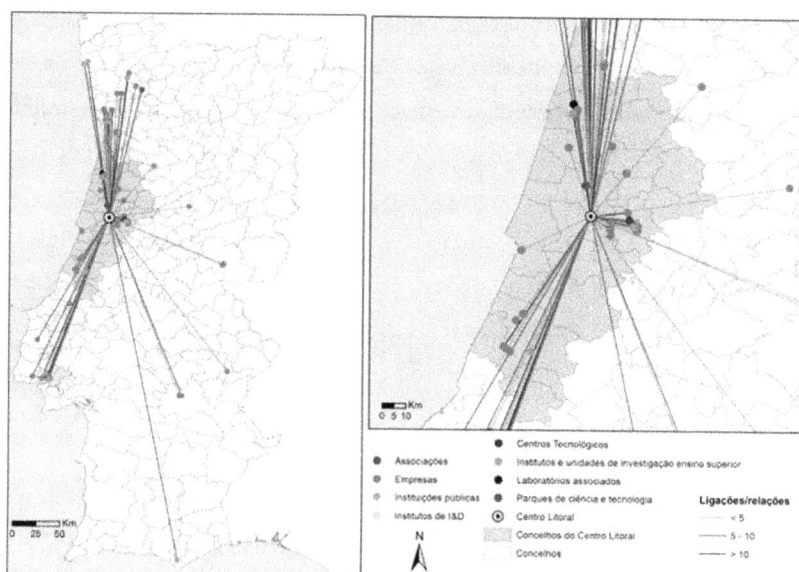

A uma escala mais sub-regional, pensando nas relações de proximidade entre os ativos de desenvolvimento no conjunto das sub-regiões do Baixo Vouga, Baixo Mondego e Pinhal Litoral, apesar de existirem interações, estas são bem mais significativas no quadro nacional, principalmente no que se refere à ligação a territórios metropolitanos, industriais e com maior densidade empresarial, de inovação e de conhecimento. Pensando na rede de inovação do Centro Litoral para 2012, estes comportamentos ainda se vincam de forma mais expressiva, com uma menor dimensão regional e uma forte ligação às áreas metropolitanas nacionais e a alguns ativos "isolados" nas principais áreas urbano-industriais do Litoral português.

Notas finais

Apesar das diferentes análises sistémicas e da tradução territorial da inovação, conhecimento e das unidades de I&D nas empresas, é central considerar que existe todo um conjunto de fatores tangíveis e intangíveis que contribuem para a dinâmica e competitividade das empresas e das cidades e regiões. Deste modo, os meios inovadores e as regiões inteligentes são territórios onde por excelência são valorizados os fatores intangíveis e onde existe uma interação entre os vários elementos (indústria, universidade e instituições).

A interatividade nos territórios locais/regionais deverá integrar diversos elementos existentes num determinado espaço e dinamizar relações que permitam um aumento da competitividade territorial de base inovadora, aprendente e criativa. Pressupõe-se que no contexto das dinâmicas empresariais, institucionais, de inovação e de I&D, a integração dos fatores tangíveis e intangíveis deve ter como âncora a valorização das infraestruturas de I&D e de inovação e a solidificação das interações entre os diferentes atores, pressupostos essenciais para a valorização de dinâmicas de conhecimento e da competitividade territorial e do reforço das redes de inovação em Portugal. Para além destas estratégias inovadoras, os processos de desenvolvimento territorial deverão integrar o contexto empresarial, económico, social e institucional e um grupo mais alargado de atores territoriais que interajam entre si em redes de I&D, conhecimento e inovação sólidas e profícuas.

As colaborações e parcerias entre universidades, institutos de I&D e inovação, laboratórios e empresas têm vindo a aumentar ao longo dos últimos anos. O Centro Litoral de Portugal, através das suas unidades de investigação do ensino superior, tem contribuído para o alargamento da rede de inovação, com reflexos visíveis no aproveitamento económico desse conhecimento e inovação e no próprio desenvolvimento dos territórios. Contextualmente, verifica-se que o envolvimento dos atores da área de estudo assume especial importância nas diferentes áreas tecnológicas e territórios locais.

Numa perspetiva territorializada o Centro Litoral tem vindo a intensificar as suas relações com outros territórios, na sua maioria áreas urbanas e com um conjunto de infraestruturas importantes para a promoção da inovação. Com efeito, ao longo do período analisado, verificou-se que os projetos no âmbito dos apoios da Agência de Inovação (*AdI*) refletiram um aumento significativo das instituições/atores intervenientes, dos diferentes "nós" da rede, da densificação da mesma a partir do aumento do número de relações/ligações ao longo do tempo e da emergência recente de novos ativos de desenvolvimento associados a novas interações ancoradas em projetos no Centro Litoral de Portugal.

O aumento das distâncias das ligações entre os nós da rede de inovação fortaleceu a sua abrangência institucional, setorial e espacial. A abertura ao exterior (visível pelo reforço da internacionalização em determinados momentos e face a algumas instituições com forte capacidade de internacionalizarem os seus produtos, processos e serviços) e a combinação de redes de inovação locais/regionais e globais contribuem para a crescente visibilidade e afirmação do Centro Litoral, das suas unidades de inovação e do seu tecido empresarial e produtivo.

Bibliografia

Andersson, E. & Persson, O. (1993). Networking scientists. *The Annals of Regional Science*, 27, 11-21.

Baur, M.; Brandes, U.; Lerner, J. & Wagner, D. (2009). Group-level analysis and visualization of social networks. In Lerner, J.; Wagner, D. & Zweig, K. (ed.), Algorithmics of Large and Complex Networks (330-358). Berlin Heidelberg: Springer.

Debresson, C. & Amesse, F. (2002). Networks of innovators: a review and introduction to the issue. *Research Policy*, 20, 363-379.

Etzkowitz, H. (2008). *The Triple Helix - University-Industry-Government-Innovation in Action*. Nova Iorque: Routledge.

Etzkowitz, H.; Webster, A.; Gebhardt, C. & Terra, B. (2000). The future of the university and the university of the future: Evolution of ivory tower to entrepreneurial paradigm. *Research Policy*. 29(2), 313-330.

Everton, S. (2004). *A Guide for the Visually Perplexed: Visually Representing Social Networks*. Stanford: Stanford University.

Fernandes, R. (2008). Cidades e Regiões do Conhecimento: Do digital ao inteligente - Estratégias de desenvolvimento territorial. Dissertação de Mestrado, Faculdade de Letras da Universidade de Coimbra, Portugal.

Freeman, L.; Roeder, D. & Mulholland, R. (1979). Centrality in Social Networks: II. Experimental Results. *Social Networks*, 2, 119-141.

Gama, R. (2004). Dinâmicas Industriais, Inovação e Território. Abordagem geográfica a partir do Centro Litoral de Portugal. Lisboa: Fundação Calouste Gulbenkian.

Gama, R.; Fernandes, R. & Barros, C. (2013). Redes de I&D da Universidade de Coimbra: análise dos projetos de IC&DT financiados pela Fundação para a Ciência e Tecnologia (FCT). *Atas do IX Congresso da Geografia Portuguesa*, 241-246.

Gibbons, M.; Limoges, C.; Nowotny, H.; Scott, P. & Trow, M. (1994). *The new production of knowledge: The dynamics of science and research in contemporary society.* London: Sage.

Goldstein, H. (2010). The 'entrepreneurial turn' and regional economic development mission of universities. *Annals of Regional Science,* 44(1), 83-109.

Hansen, D., Shneiderman, B. & Smith, M. (2011). *Analyzing Social Media Networks with NodeXL.* USA: Elsevier.

Küppers, G. & Pyka, A. (2002). *The self-organization of innovation networks: introductory remarks in innovation networks. Theory and practice.* Reino Unido: Edward Elgar.

Lemieux, V. & Ouimet, M. (2004). *Análise Estrutural das Redes Sociais. Epistemologia e Sociedade.* Lisboa: Instituto Piaget.

Oliveira, J. (2008). Universidade de Aveiro, Indústria e Desenvolvimento local e regional – uma análise territorial. Dissertação de Mestrado, Faculdade de Letras da Universidade de Coimbra, Portugal.

Patricio, M. (2010). Science Policy and the Internationalisation of Research in Portugal. *Journal of Studies in International Education.* 14(2), 161-182.

Pellegrin, I.; Balestro, M.; Junior, J. & Caulliraux, H. (2007). Redes de inovação: construção e gestão da cooperação pró-inovação. *Revista de Administração da Universidade de São Paulo,* 42(3), 313-325.

Powell, W. (1998). Learning from collaboration: knowledge and networks in the biotechnology and pharmaceutical industries. *California Management Review,* 40(3), 228-240.

Powell, W.; Koput, K. & Doerr-Smith, L. (1996). Interorganizational collaboration and the locus of innovation: networks of learning in biotechnology. *Administrative Science Quarterly,* 41, 116-145.

Smith M.; Shneiderman, B.; Milic-Frayling, N.; Rodrigues, E.; Barash, V.; Dunne, C.; Capone, T.; Perer, A. & Gleave, E. (2009). Analyzing (social media) networks with NodeXL. *C&T '09: Proc. fourth international conference on Communities and Technologies,* Electronic Edition, 2009 Acedido em 3 de Agosto de 2013, em http:// hcil2.cs.umd.edu/trs/2009-11/2009-11.pdf.

Wal, A. & Boschma, R. (2009). Applying social network analysis in economic geography: framing some key analytic issues. *The Annals of Regional Science,* 43(3) 739-756.

Agência de Inovação - http://www.adi.pt/

Gabinete de Planeamento, Estratégia, Avaliação e Relações Internacionais (GPEARI - MCTES) - http//www.gpeari.mctes.pt/

REDES DE CONHECIMENTO NAS CIÊNCIAS DA SAÚDE: ANÁLISE A PARTIR DE STAR SCIENTISTS NACIONAIS

KNOWLEDGE NETWORKS IN HEALTH SCIENCES: ANALYSIS FROM PORTUGUESE STAR SCIENTISTS

Célia Ferreira
CEGOT/Faculdade de Letras da Universidade do Porto
Teresa Sá Marques
CEGOT/Faculdade de Letras da Universidade do Porto

Resumo

As redes de colaboração científica, estabelecidas nas diversas escalas de análise e operacionalizadas através de diferentes mecanismos de cooperação, são reconhecidas como importantes para os processos de produção e transferência de conhecimento. Existem numerosos trabalhos académicos que procuram compreender, mediante uma perspetiva estática ou dinâmica, as relações de colaboração entre investigadores. Em diversos trabalhos a análise centra-se na análise das redes de *star scientists*: cientistas de topo, que pela sua reputação, genialidade e elevada produtividade são considerados uma referência numa dada área do conhecimento. As publicações científicas, não sendo a única, são uma importante forma de colaboração entre os investigadores e, através deles, entre instituições e, nessa medida, estes documentos têm sido amplamente utilizados para identificação das redes de coautoria e colaboração científica. Neste trabalho, pretende-se

DOI: http://dx.doi.org/10.14195/978-989-26-1197-6_6

contribuir para a análise dessas redes através dos estudos de caso de dois *star scientists* portugueses na área das Ciências da Saúde - Alexandre Quintanilha e Manuel Sobrinho-Simões.

Palavras-chave: Redes de coautoria; Redes de colaboração institucional; Ciências da Saúde; Star scientists.

Abstract

The scientific collaboration networks, established in different scales of analysis and operationalized through different mechanisms of cooperation, are recognized as important for production and knowledge transfer processes. There are numerous academic studies that seek to understand, through a static or dynamic perspective, collaborative relationships among researchers. In several studies the analysis focuses on the networks of star scientists: top researchers, whose reputation, genius and high productivity make them a reference in a given knowledge domain. Scientific publications, although not the only, are an important form of collaboration between researchers and, through them, between institutions and, as such, these documents have been widely used for identification of coauthorship and institutional collaboration networks. In this work, we intend to contribute to the analysis of these networks through the case studies of two star Portuguese scientists in the area of Health Sciences - Alexandre Quintanilla and Manuel Sobrinho - Simões.

Keywords: Coauthorship network; Institutional collaboration network; Health sciences; Star scientists.

Introdução

As redes de colaboração entre investigadores e entre instituições, estabelecidas nas diversas escalas de análise, são reconhecidas na literatura científica como tendo um papel importante nos processos de produção e difusão do conhecimento científico ao constituírem canais de transferência de informação e recursos (Newman 2001, Owen-Smith and Powell 2004).

Desde a década de 90 do século XX e, sobretudo, com maior incidência, desde inícios do século XXI, verificou-se o desenvolvimento de trabalhos sobre as relações de colaboração de autores específicos e de instituições específicas, selecionados para análise por apresentarem, designadamente, elevada produtividade científica (Newman 2004). Recorrendo à abordagem egocêntrica de análise de redes sociais, e através de uma perspetiva estática ou dinâmica em termos temporais, têm sido desenvolvidos diversos estudos em linha com o conceito sociológico de *star* – o indivíduo que centraliza as atenções do grupo e que tem influência sobre o mesmo (Scott 2000). Nos anos 90, Lynne Zucker e Michael Darby apresentaram evidências empíricas de que os cientistas de topo, por si designados de *star scientists*, desempenham um importante papel nos processos de produção e difusão de conhecimento e no estabelecimento de infraestruturas do conhecimento (Zucker and Darby 2006, Maier, Kurka *et al.* 2007). Desde então, o conceito tem vindo a ser aplicado em diversos trabalhos académicos.

A produção de publicações científicas constitui um importante mecanismo de colaboração entre investigadores e, através deles, entre as instituições às quais se encontram afiliados. E, nessa medida, as publicações científicas têm sido utilizadas para estabelecer as ligações entre autores e entre as suas afiliações (Zucker, Darby *et al.* 2007).

As redes de coautoria científica são identificadas com base nas publicações conjuntas entre autores e as redes de colaboração institucional são estabelecidas com base na afiliação institucional dos autores das publicações (Valderrama-Zurián, González-Alcaide et al. 2007).

Neste trabalho segue-se a abordagem egocêntrica das redes de coautoria e colaboração institucional. Tendo como referência o conceito de *star scientist*, será apresentada a evolução das redes de publicação de Alexandre Quintanilha e Manuel Sobrinho-Simões, dois reputados investigadores portugueses na área das Ciências da Saúde.

A análise evolutiva da caracterização estrutural das redes de coautoria e colaboração institucional é feita com recurso ao cálculo de medidas de análise de redes sociais e à representação gráfica das redes, através de grafos. A representação cartográfica das redes de colaboração entre as instituições referenciadas nas suas publicações científicas permite compreender a evolução dos padrões espaciais de colaboração.

Os resultados mostram que apesar das configurações das redes serem diferentes, devido, em larga medida, aos percursos profissionais distintos, a produção de publicações científicas de ambos os investigadores é feita, sobretudo, em rede com outros investigadores e com o envolvimento de diferentes instituições.

Em termos de estrutura, este trabalho inicia-se com a abordagem ao surgimento do conceito de *star scientist* e com a apresentação de exemplos de trabalhos académicos nos quais tem sido aplicado. Num ponto seguinte, será feito o enquadramento teórico e metodológico das redes de colaboração científica. Segue-se a explicitação dos procedimentos metodológicos adotados no trabalho aqui apresentado e a apresentação de resultados. O documento é finalizado com a sistematização das principais conclusões.

Star Scientists: Conceito e importância

As redes socias têm vindo a ser estudadas de forma teórica e empírica num número cada vez mais alargado de áreas do conhecimento (Lemieux e Ouimet 2008, Baur, Brandes *et al.* 2009). Os estudos iniciais, dos anos 30 do século XX, centravam-se sobretudo na análise das relações informais entre indivíduos, focando-se nas suas ligações familiares, de amizade, de vizinhança ou nas suas ligações no trabalho. A abordagem era fundamentalmente egocêntrica, ou seja, eram analisadas as redes de indivíduos específicos selecionados pela sua importância – ou centralidade – num grupo. Estas pessoas, que gozavam de popularidade e que se encontravam, por variados motivos, no centro das atenções enquadravam-se no conceito sociológico de "star" (Scott 2000).

Desde então, o desenvolvimento dos estudos passou pela complexificação dos sistemas sociais considerados. O objeto de análise deixou de ser, sobretudo, indivíduos ou grupos, passando a ser também organizações. Os trabalhos deixaram de ser meramente descritivos, tendo-se adotado métodos de análise fundamentados em teorias e modelos matemáticos (Scott 2000).

Barnes distinguia, nos anos 70 do século XX, duas abordagens diferentes em análise de redes sociais: a abordagem egocêntrica, centrada nas redes específicas de indivíduos, grupos ou organizações de referência e a abordagem sociocêntrica, na qual são analisados os padrões de interação entre os diversos agentes que constituem uma dada rede (Scott 2000).

Recorrendo à abordagem egocêntrica, na década de 80 do século XX, Ann Greer estudou a difusão das novas tecnologias médicas no seio de profissionais que trabalhavam em comunidades locais dos EUA, Reino Unido e Canadá, centrando a sua atenção no papel de pessoas respeitadas e reconhecidas como de confiança – os *opinion leaders* – na aceitação e adoção das novas tecnologias por parte das diversas comunidades (Greer 1988).

Na década seguinte do mesmo século, Lynne Zucker e Michael Darby estudaram o papel dos cientistas de topo na difusão e comercialização de inovações na área da biotecnologia e no estabelecimento e desenvolvimento de relações de cooperação entre universidades e empresas. Partindo da premissa de que estes cientistas diferem dos outros investigadores pela sua genialidade, capacidade de serem criativos e innovadores e, ainda, pela sua elevada produtividade científica – medida pelo número de artigos científicos publicados, pelas citações a esses artigos e pelo número de patentes registadas –, os autores identificaram como "*star bioscientists*" todos os investigadores com mais de 40 descobertas na sequência genética ou 20 ou mais artigos sobre descobertas da sequência genética desde 1990. Zucker e Darby estabeleceram relação entre a localização espacial e temporal dos "*star bioscientists*" e o local e momento temporal no qual surgiam novas empresas na área da biotecnologia (Zucker and Darby 1996, Zucker and Darby 1997, Zucker and Darby 1997, Zucker and Darby 2006). Num estudo datado de 2006, Lynne Zucker e Michael Darby alargaram o conceito de "*star scientist*" a todas as áreas da ciência e tecnologia, apresentando evidências de que o número de *star scientists* num dado local tem um efeito positivo na probabilidade de surgimento de empresas numa dada área de atividade. A sua pesquisa consistiu na identificação, a nível mundial, dos autores dos artigos mais citados durante o período 1981-2004 nas áreas científicas e tecnológicas cobertas pela *ISIHighlyCited.com*[1] (Zucker and Darby 2006), uma plataforma digital criada pelo *Institute of Scientific Information* (*ISI*) onde era apresentado o ranking dos 1% de autores mais citados nas diferentes áreas do conhecimento. A localização dos cientistas de topo foi feita através dos endereços das afiliações institucionais constantes dos artigos científicos por eles publicados (Zucker and Darby 1997, Zucker and Darby 2006).

Maier, Kurka *et al.* (2007) adotaram o conceito e a metodologia de identificação e localização de "*star scientists*", aplicados por Zucker e Darby, para estudar a mobilidade espacial destes cientistas. Os autores afirmam que os *star scientists* têm um importante papel no estabelecimento das infraestruturas do conhecimento. Apontam também algumas limitações à utilização da plataforma *ISIHighlyCited.com*, uma vez que os cientistas mais velhos têm maior probabilidade de serem considerados "*star scientists*" por terem um tempo mais longo de acumulação de artigos científicos; para além disso, acrescentam que não constam da base bibliográfica alguns prémios Nobel precisamente por não terem ainda acumulado artigos e citações suficientes.

Higgins, Stephan *et al.* (2011) adotaram uma definição mais restrita do conceito, considerando como *star scientists* todos os laureados com o prémio Nobel, num trabalho onde analisam as repercussões para o desempenho das empresas decorrentes da associação com estes cientistas.

Muito recentemente, Moretti and Wilson (2014) utilizaram o registo de patentes para identificar e localizar os cientistas de topo, num estudo onde avaliam os efeitos dos incentivos financeiros concedidos pelos estados norte-americanos (no âmbito das políticas públicas de incentivo à formação

---

[1] A *ISIHighlyCited.com* consistia numa plataforma digital promovida pelo *Institute of Scientific Information* (*ISI*) – da *Thomson Reuters* - onde eram apresentados os rankings dos autores mais citados, calculados a partir de informação constante da *ISI – Web of Science*. A partir de 31 de Dezembro de 2011 foi substituída por uma nova plataforma designada por *Essential Science Indicators*.

e desenvolvimento dos clusters de inovação) na localização e mobilidade dos *star scientists* na área da biotecnologia.

Desde os primeiros trabalhos de Lynne Zucker e Michael Darby surgiram na literatura científica numerosos trabalhos sobre o papel dos *star scientists* no desenvolvimento científico e no desempenho das empresas, sobretudo em áreas onde a pesquisa e a investigação capazes de conduzir a novas descobertas são fundamentais. Os *star scientists* são considerados particularmente importantes na produção de inovação (Moretti and Wilson 2014). Num estudo sobre a área da biotecnologia, Higgins, Stephan *et al.* (2011) afirmam que estes cientistas podem contribuir de forma particular para a credibilidade da investigação conduzida pelas empresas, sendo que a sua presença pode potenciar a atração de outros cientistas de topo.

Num trabalho sobre a especialização das regiões na biotecnologia – as designadas biorregiões –, a propósito das vantagens competitivas das empresas se organizarem em clusters de biotecnologia, Cooke (2005) afirma que estas se prendem com o acesso a tudo o que as redes de conhecimento dessas áreas permitem: o capital humano e o talento que se forma nos institutos de investigação e nos laboratórios das universidades locais; a existência de potenciais investidores financeiros; a possibilidade de colaboração com outras equipas de investigação, bem como a presença de *star scientists* e seus colaboradores.

As redes de colaboração científica: enquadramento teórico e metodológico

As relações sociais, formalizadas ou não, entre indivíduos ou instituições têm importantes implicações para os processos de produção e difusão do conhecimento, na medida em que constituem canais de transferência de informação e recursos no interior de uma dada estrutura social. Para além do interesse científico em estudar as relações humanas, este é um forte motivo pelo qual tem havido um grande desenvolvimento dos estudos sobre as interações entre agentes (Newman 2001, Owen-Smith and Powell 2004).

São diversas as razões pelas quais os investigadores colaboram entre si. Por um lado, a interação entre investigadores potencia a criatividade pela troca e partilha de ideias, informação, material científico ou modelos de análise (Zucker and Darby 1996) e, por outro lado, a colaboração pode representar ainda uma melhor reputação, o reconhecimento profissional e o acesso a recursos (Wagner and Leydesdorff 2005), assim como a repartição dos custos de investigação.

É dada ênfase às interações nas diversas escalas de análise; todavia, é atribuída particular importância às colaborações internacionais entre investigadores de comunidades epistémicas similares, as designadas redes globais, consideradas, na atualidade, indispensáveis para a criação de conhecimento (Asheim, Coenen et al. 2007).

O envolvimento de sinergias entre investigadores é considerado uma importante componente da criatividade científica. A produção de publicações científicas constitui uma forma de colaboração entre investigadores, forma essa através da qual ocorre a transmissão de conhecimento codificado e tácito e através da qual é gerado ou desenvolvido novo conhecimento (Barabási, Jeong et al. 2002).

Foi a partir dos anos 60 do século passado, quando Solla Price sugeriu estudar a produção científica através de métodos científicos usados na própria ciência, que proliferaram os trabalhos académicos sobre as relações entre publicações científicas e entre investigadores (Boyack, Klavans et al. 2005), estabelecendo-se as redes, nomeadamente, a partir das referências e das citações bibliográficas (Newman 2001).

D. Crane foi pioneira no estudo das redes entre investigadores. Nos anos 70 do século XX, efetuou a realização de questionários para perceber os padrões de comunicação e de publicação conjunta entre sociólogos do meio rural. Na década seguinte, Gattrell utilizou a abordagem sociométrica para caracterizar a estrutura da rede de grupos de investigação. Segundo a literatura teórica, foi sobretudo a partir dos anos 70 do século passado que se verificou o incremento no número de artigos publicados em jornais de referência, no número de cientistas com artigos submetidos, bem como a maior diversificação das localizações de origem desses cientistas. Verificou-se igualmente um forte crescimento da colaboração entre investigadores na produção de artigos científicos, aumentando também o número de publicações com o envolvimento de autores provenientes de diferentes regiões e nacionalidades. Houve como que uma reconstrução espacial do mundo científico, passando-se da colaboração essencialmente local para a colaboração cada vez mais globalizada (Andersson and Persson 1993).

A produção de publicações científicas constitui uma importante forma de colaboração entre autores e, através deles, entre as instituições. As publicações têm sido, por isso, amplamente utilizadas para estabelecer as ligações entre investigadores e/ou entre as suas afiliações. Apesar de se reconhecer que grande parte do conhecimento gerado e utilizado pelos investigadores não se encontra registada em publicações científicas, a sua contabilização tem sido utilizada como forma de medir o conhecimento produzido numa dada área científica, num dado local e num determinado período temporal (Zucker, Darby et al. 2007).

Desde a década de 90 do século XX e, sobretudo, com maior incidência, desde inícios do século XXI, verificou-se o desenvolvimento de trabalhos sobre as relações de colaboração de autores específicos e de instituições específicas, selecionados para análise por apresentarem, designadamente, elevada produtividade científica (Newman 2004). As redes de coautoria científica são identificadas com base nas publicações conjuntas entre autores e as redes de colaboração institucional são estabelecidas com base na afiliação institucional dos autores das publicações (Valderrama-Zurián, González-Alcaide et al. 2007). Em regra, os trabalhos analisam as redes dos autores e das instituições constantes de bases de dados bibliográficas – ou segmentos das mesmas – selecionadas pela sua adequação aos objetivos concretos da análise, que podem centrar-se fundamentalmente em determinada(s) área(s) do conhecimento, período temporal e/ou área geográfica (Quadro 1).

A unidade de análise podem ser os autores e/ou as instituições. Podem ser selecionadas para análise determinadas áreas do conhecimento (quando é escolhida mais do que uma são efetuadas, regra geral, comparações) ou, então, pode considerar-se a generalidade delas, produzindo-se "mapas da ciência" similares aos mapas cartográficos do mundo (Boyack, Klavans et al. 2005).

Quando escolhida a perspetiva dinâmica das redes, é conhecido o momento em que cada autor ou instituição entra na rede. O momento temporal em que as relações entre autores ou instituições são estabelecidas é conhecido através do ano de publicação dos documentos científicos analisados (Barabási, Jeong et al. 2002). Regra geral, quer na perspetiva estática quer na perspetiva dinámica não têm sido selecionados, em trabalhos anteriores, períodos de análise muito alargados dado o volume de informação em causa.

Quadro 1 - Abordagem empírica das redes de coautoria
e colaboração institucional

	Forma de abordagem	Especificação
Unidade de análise	Autores	São analisadas as redes de coautoria a partir da identificação da totalidade de autores de uma dada rede.
	Instituições	São analisadas as redes de colaboração entre instituições a partir da afiliação institucional dos autores de uma dada rede.
Domínio científico de análise	Área(s) científica(s)	Seleção e análise de uma ou mais áreas científicas e, neste último caso, comparação dos seus padrões de colaboração.
	Perspetiva global da ciência	Consideração de todas as áreas científicas, de forma independente ou por agrupamento de áreas (por exemplo, ciências sociais, ciências naturais, etc.). Esta forma de abordagem permite ter o panorama dos padrões de colaboração da ciência em geral.
Período temporal	Estática	Análise das características da rede num dado momento (um ano, por exemplo) ou num dado intervalo de tempo (conjunto de anos).
	Dinâmica	Análise da evolução da rede ao longo do tempo. É conhecido o momento temporal em que cada autor ou instituição entra na rede e em que cada relação de coautoria ou colaboração ocorre.
Âmbito geográfico	Região	Seleção e análise das redes de colaboração dos autores ativos e/ou das instituições localizadas numa dada região.
	País	Seleção e análise das redes de colaboração dos autores ativos e/ou das instituições localizadas num determinado país.
	Escala global	Seleção e análise das redes de autores e instituições a nível mundial. Esta forma de abordagem permite ter o panorama global dos padrões de colaboração internacional e identificar os principais centros (cidades, regiões ou países) de produção de publicações científicas.

Fonte: Ferreira (2012), p. 34.

As principais fontes de informação utilizadas são as bases bibliográficas de caráter global, as bases bibliográficas de repositórios nacionais de informação científica ou de áreas científicas específicas ou, ainda, Jornais/Revistas científicas de referência (Valderrama-Zurián, González-Alcaide et al. 2007).

As bases bibliográficas de caráter global são preferidas dada a sua abrangência e cobertura da produção científica a nível mundial, a nível das diversas áreas do conhecimento ou, ainda, a nível dos Jornais ou Revistas científicas de referência. Os portais bibliográficos disponibilizados pelo *Institute of Scientific Information* (ISI) (Zucker, Darby et al. 2007) e pela *Scopus* são utilizados em vários trabalhos por estes motivos. Alguns autores confrontaram os resultados da análise da informação constante das duas bases (Leydesdorff and Persson 2010, Bornmann, Leydesdorff et al. 2011).

Conceitos de análise de redes sociais e formas de representação das redes

O quadro conceptual utilizado no âmbito da análise de redes sociais baseia-se essencialmente na Teoria de Grafos. Esses conceitos são igualmente aplicados nos estudos sobre redes de coautoria e colaboração institucional.

Cada autor ou instituição considerado(a) constitui um nó da rede. Os autores ou instituições estão conectados sempre que existe, pelo menos, uma publicação científica conjunta entre si (Newman 2001).

A intensidade da colaboração é expressa pela frequência de ocorrência de publicações conjuntas (Barabási, Jeong *et al.* 2002, Tomassini and Luthi 2007, Valderrama-Zurián, González-Alcaide *et al.* 2007, Baur, Brandes *et al.* 2009).

A autoria de uma ou mais publicações por parte de instituições distintas designa-se por colaboração institucional; quando a afiliação institucional de diferentes autores é coincidente diz-se que existe colaboração intrainstitucional; quando as afiliações institucionais se referem a diferentes países ocorre colaboração institucional internacional (Valderrama-Zurián, González-Alcaide et al. 2007).

As redes são representadas visualmente sob a forma de grafos ou diagramas de rede, que podem ser construídos com base em diferentes técnicas e algoritmos matemáticos. Nos grafos, os autores ou instituições representam-se por pontos, conectados entre si por linhas. O tamanho dos pontos e a espessura das linhas, bem como as cores associadas a uns e a outras representam propriedades da rede (Scott 2000).

Têm sido também, mais recentemente, realizados trabalhos onde a colaboração entre instituições é representada cartograficamente. O mapeamento das redes permite identificar padrões espaciais de colaboração e acompanhar a sua dinâmica, quando considerada a dimensão tempo, constituindo uma ferramenta de apoio à tomada de decisão ao nível das instituições e, de forma mais geral, ao nível da delineação de políticas em matéria de ciência e tecnologia (Leydesdorff and Persson 2010).

Abordagem metodológica: procedimentos de trabalho e fontes de informação

O quadro de análise seguido neste trabalho (Quadro 2) enquadra-se na abordagem utilizada por outros autores no estudo das redes de coautoria científica e colaboração institucional. Pretende-se obter uma perspetiva evolutiva das redes de dois reputados cientistas portugueses na área das Ciências da Saúde – Alexandre Quintanilha e Manuel Sobrinho-Simões.

A primeira etapa metodológica consistiu na seleção das fontes de informação. Optou-se por confrontar e combinar a informação referente às publicações científicas dos dois cientistas constante dos portais bibliográficos *ISI – Web of Knowledge, SciVerse Scopus* e *SciVerse ScienceDirect*, o que permitiu obter assim uma listagem mais completa dos artigos, *proceedings papers* e outros documentos de caráter científico dos autores.

Quadro 2 – Quadro de análise adotado

	Forma de abordagem
Unidade de análise	Autores
	Instituições
Domínio científico de análise	Área científica: Ciências da Saúde
Período temporal	Perspetiva dinâmica
Âmbito geográfico	Escala global

Fonte: Adaptado de Ferreira (2012).

Toda a informação recolhida foi carregada numa base de dados. Sistematizaram-se dados relativos ao nome das publicações e ao ano de publicação, aos autores, às afiliações institucionais e sua localização, bem como à tipologia das instituições.

A representação gráfica das redes foi feita com recurso a duas abordagens complementares. Por um lado, foram representadas cartograficamente as redes entre as instituições e, por outro lado, utilizando métodos de análise de redes sociais, as redes de coautoria e colaboração institucional foram representadas através de grafos. Foram também calculadas medidas específicas de análise de redes sociais.

A impossibilidade de considerar todos os investigadores desta área científica[2] levou à seleção de investigadores de referência pela sua reputação e pela influência que exercem no âmbito das Ciências da Saúde em Portugal, em linha com os trabalhos de Lynne Zucker e Michael Darby sobre *star scientists*.

Assim, irão ser analisadas as redes de coautoria e de colaboração institucional do Professor Alexandre Quintanilha e do Professor Manuel Sobrinho-Simões.

A pesquisa baseia-se na análise de 131 publicações de Alexandre Quintanilha e 322 de Manuel Sobrinho-Simões, recolhidas entre inícios de março e a 1ª quinzena de maio de 2012 a partir dos portais *ISI – Web of Knowledge*, *SciVerse Scopus* e *SciVerse ScienceDirect*.

Sendo nosso objetivo analisar as redes de relações e não os resultados propriamente ditos da investigação científica seguiu-se a opção metodológica tomada por Wagner and Leydesdorff (2005), tendo-se considerado todos os tipos de publicações científicas (artigos, *proceedings papers*, notas, cartas editoriais e outros documentos de caráter científico).

Verificou-se, aquando da sistematização da informação recolhida a partir das publicações científicas, a ocorrência de situações de nomes de autores similares aos dos *star scientists* em análise, o que levou a uma análise cuidada dos documentos, com recurso a pesquisas adicionais.

Não foram consideradas para análise das redes as publicações em que Alexandre Quintanilha e Manuel Sobrinho-Simões são os únicos autores.

Houveram casos em que só se teve acesso às referências bibliográficas. As referências nas quais não constava a totalidade de autores ou não havia menção a qualquer afiliação institucional não foram consideradas neste trabalho.

---

[2] A falta de acesso a informação sistematizada que permitisse analisar mais investigadores na área das Ciências da Saúde em Portugal condicionou as opções metodológicas tomadas neste trabalho. De referir que foi efetuado um pedido de informação à *Thomson Reuters*, entidade responsável pela *ISI – Web of Knowledge*, não tendo sido obtida qualquer resposta.

Medidas de análise de redes sociais

Os Quadros 3 e 4 sistematizam alguns índices de colaboração e medidas no âmbito da análise de redes sociais mais utilizados em trabalhos anteriores sobre redes de coautoria e colaboração institucional. As medidas encontram-se apresentadas segundo a classificação proposta por Baur, Brandes et al. (2009): as medidas ao nível dos elementos avaliam as propriedades dos nós e arcos; a medida aplicada ao nível dos grupos permite caracterizar a coesão da rede, enquanto as medidas aplicadas ao nível da rede são utilizadas para analisar a sua estrutura global.

Quadro 3 – Índices de colaboração

Índice	Descrição
Índice de colaboração dos autores ou instituições	Número médio de assinaturas ou referências institucionais por publicação científica considerada.
Índice de autores ou instituições por publicação	Relação entre o número de autores ou instituições diferentes e o total de publicações científicas consideradas.

Fonte: Valderrama-Zurián, González-Alcaide et al. (2007).

Quadro 4 – Medidas de Análise de Redes Sociais

Análise ao nível dos elementos	
Medida	Descrição
Grau	Número de nós (autores ou instituições) aos quais cada nó (autor ou instituição) da rede se encontra diretamente ligado. Reflete a maior ou menor extensão da colaboração mantida por cada um dos autores e instituições.
Grau médio	Número médio de nós (autores ou instituições) aos quais cada nó (autor ou instituição) da rede se encontra ligado.
Intermediariedade	Permite medir o grau de extensão na qual um nó se encontra situado entre os outros nós da rede, ou por outras palavras, mede a importância da posição de intermediários dos agentes da rede. É utilizada para aferir o prestígio dos autores ou instituições e a sua capacidade para aceder e controlar o fluxo de informação pela posição intermediária que ocupam.
Proximidade	Mede a proximidade de cada nó a todos os outros nós aos quais se encontra conectado (direta e indiretamente) com base na soma das distâncias dos caminhos mais curtos. Quanto menor o valor desta soma, maior a proximidade de um nó a todos os outros.

Análise ao nível dos grupos	
Medida	Descrição
Coeficiente de aglomeração	Permite avaliar a probabilidade dos vizinhos (autores ou instituições) de um dado nó (autor ou instituição) terem a autoria conjunta de uma publicação.
Análise ao nível da rede	
Medida	Descrição
Número médio de Graus de Separação	Consiste na distância média de separação – medida em número de nós – entre cada par de investigadores ou instituições.
Densidade	Expressa a razão entre as relações existentes e as relações possíveis. Quantos mais nós estiverem conetados de forma direta a outros nós, maior é a densidade.

Fonte: Baur, Brandes *et al.* (2009).

Algumas limitações

Verificou-se que as designações das afiliações institucionais e os seus endereços não estão uniformizados entre as bases bibliográficas utilizadas, tal como descrito em Leydesdorff and Persson (2010). Há casos em que as referências se encontram bastante detalhadas e há outros casos em que só é apresentada a sigla da instituição. A identificação manual das instituições permitiu, até certo ponto, minimizar a ocorrência de erros, através da realização de pesquisas adicionais.

Por outro lado, a confrontação de publicações de um mesmo autor leva-nos a concluir que nem sempre são referenciadas todas as suas afiliações institucionais. Isto constitui, desde logo, um fator de erro no estabelecimento das redes de colaboração institucional a partir das publicações científicas.

Outra situação identificada prende-se com a forma como o nome dos autores aparece identificado nos portais bibliográficos ou nas publicações científicas: regra geral, aparece primeiramente o último nome completo, ao qual se segue a(s) inicial(ais) do(s) primeiro(s) nome(s). Podem ocorrer duas situações distintas: por um lado, diferentes autores que têm em comum o último nome e, por coincidência, também a(s) inicial(ais) do(s) primeiro(s) nome(s) podem ser incorretamente identificados como sendo o mesmo autor, representado na rede por um único nó; por outro lado, e em situação contrária, o mesmo autor pode ser identificado de diferentes formas em diferentes publicações (bastando variar, por exemplo, o número de iniciais dos primeiros nomes), sendo contabilizado tantas vezes quantas as diferentes formas com que o seu nome aparece (Newman 2001, Barabási, Jeong et al. 2002). Neste trabalho, considerou-se que quando as iniciais dos primeiros nomes dos autores são coincidentes se trata do mesmo autor; quando, inversamente, não são coincidentes, trata-se de diferentes autores.

Ao nível da localização cartográfica das instituições, de referir que nem sempre foi possível determinar as suas coordenadas geográficas exatas, o que acontece sobretudo em instituições internacionais pouco conhecidas para as quais não se conseguiu obter um endereço completo.

Não obstante, existe alguma literatura científica que comprova que a automatização do processo de identificação dos autores e de identificação e localização de instituições é passível de originar mais erros do que se esse processo for feito manualmente (Valderrama-Zurián, González-Alcaide et al. 2007, Leydesdorff and Persson 2010), tal como foi feito neste trabalho.

Resultados

Aqui serão apresentados os resultados da análise evolutiva das redes de coautoria e colaboração institucional dos *star scientists* selecionados.

A rede de coautoria de ambos inicia-se, em termos temporais, antes da rede de colaboração institucional o que se deve ao facto de nos primeiros anos de publicação estes cientistas publicarem apenas com investigadores da sua própria afiliação institucional.

Os períodos temporais que serão apresentados foram determinados com base numa análise ano a ano dos padrões de publicação dos investigadores. O percurso pessoal e profissional marcou a evolução das suas redes.

Relativamente a Alexandre Quintanilha, de referir que 96,2% das 131 publicações analisadas foi publicada em coautoria. A média de assinaturas por publicação é de 6,5. O índice de autores distintos é de 1,2 por publicação. A média de referências institucionais por publicação é de 4,1. Contabilizando apenas as instituições diferentes o índice é de 0,4 referências institucionais por publicação.

No que diz respeito à colaboração institucional, das 126 publicações realizadas em coautoria 79,4% envolve instituições distintas.

Analisando as redes de Alexandre Quintanilha, verifica-se que até 1991 a rede de coautoria encontra-se segmentada em diferentes grupos (Figura 1). O cientista encontrava-se, nesse período, a residir nos Estados Unidos da América. As suas publicações, de então, são em coautoria com investigadores a trabalhar nesse país. Em 1991, Alexandre Quintanilha vem para o Porto: as suas ligações passam a ser efetuadas marcadamente com autores portugueses. A partir de 1997 dá-se o alargamento da rede, quer em número de nós quer em frequência de ligações. Sobressai, no entanto, um núcleo central estruturador da rede. A rede de coautoria de 2011 caracteriza-se pela existência de dois grupos: um formado por autores a trabalhar no país e o outro formado por autores a trabalhar em instituições estrangeiras.

Quanto à rede de colaboração institucional (Figuras 2 e 3), houve igualmente o alargamento da rede a partir de 1997, com a colaboração entre instituições localizadas em Portugal, na Europa e no continente americano. A rede estrutura-se a partir das 3 afiliações institucionais de Alexandre Quintanilha – o Instituto de Ciências Biomédicas Abel Salazar (ICBAS), o Instituto de Biologia Molecular e Celular (IBMC) e a Faculdade de Farmácia da Universidade do Porto. Em 2011 há uma maior diversidade de ligações de colaboração na Europa. Refletindo a rede de coautoria, a rede de colaboração institucional marca-se pela existência de dois grandes grupos: um composto na sua totalidade por instituições nacionais e um outro constituído principalmente por instituições internacionais. Na sua globalidade, a rede de colaboração institucional de Alexandre Quintanilha é predominantemente europeia. Predominam as Instituições de Ensino Superior, às quais se seguem os Hospitais de natureza pública ou privada (Quadro 5).

Quadro 5 – Tipologia das afiliações institucionais das publicações de
Alexandre Quintanilha

Tipo de instituição	Período temporal									
	1979 - 1991		1993 - 1996		1997 - 2010		2011		1979 - 2011	
	n°	% no total	n°	% no total	n°	% no total	n°	% no total	n°	% no total
Empresa/Laboratório privado	0	0,0	0	0,0	1	2,8	0	0,0	1	1,8
Ensino superior	8	80,0	5	83,3	25	69,4	17	73,9	41	74,5
Hospital universitário	0	0,0	0	0,0	2	5,6	2	8,7	2	3,6
Hospital (público ou privado)	1	10,0	1	16,7	7	19,4	3	13,0	8	14,5
Instituto de investigação governamental (nacional ou europeu)	1	10,0	0	0,0	1	2,8	1	4,3	3	5,5
Total	10	100,0	6	100,0	36	100,0	23	100,0	55	100,0

Fonte: Ferreira (2012), p. 76.

Relativamente às medidas utilizadas no âmbito da análise de redes sociais (Quadro 6) de referir o seguinte: o Grau médio de autores e de instituições aumentou, em termos gerais, ao longo do tempo, o que se deve ao alargamento da rede quer devido à entrada de novos autores ou novas instituições quer devido ao estabelecimento de novas ligações de publicação. A Proximidade média da rede de autores e da rede de instituições foi menor no período 1997 – 2010; por outras palavras, foi neste período que se verificou maior proximidade entre um determinado autor e todos os outros autores ou entre uma determinada instituição e todas as outras instituições da rede. O valor do Coeficiente médio foi mais elevado em 2011, o que significa que neste período verificou-se uma maior interconexão, em termos de publicações conjuntas, entre todos os autores e entre todas as instituições da rede. O Nº médio de graus de separação foi de cerca de 2 para o período global de publicação de Alexandre Quintanilha. Dado que o número de autores e de instituições varia de período para período considerado não é possível tirar conclusões quanto à Densidade, na medida em que o seu valor é variável consoante a dimensão da rede.

Figura 1 - Rede de coautoria de Alexandre Quintanilha.

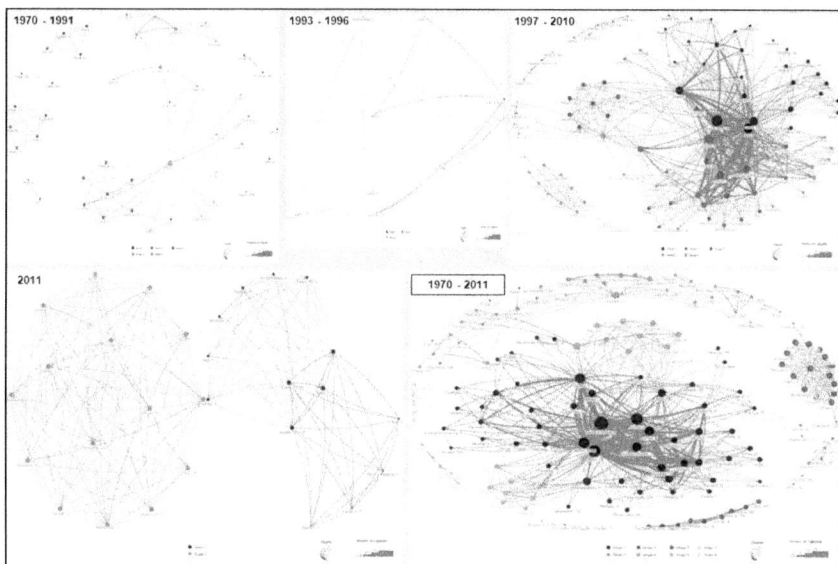

Figura 2 - Rede de colaboração institucional de Alexandre Quintanilha.

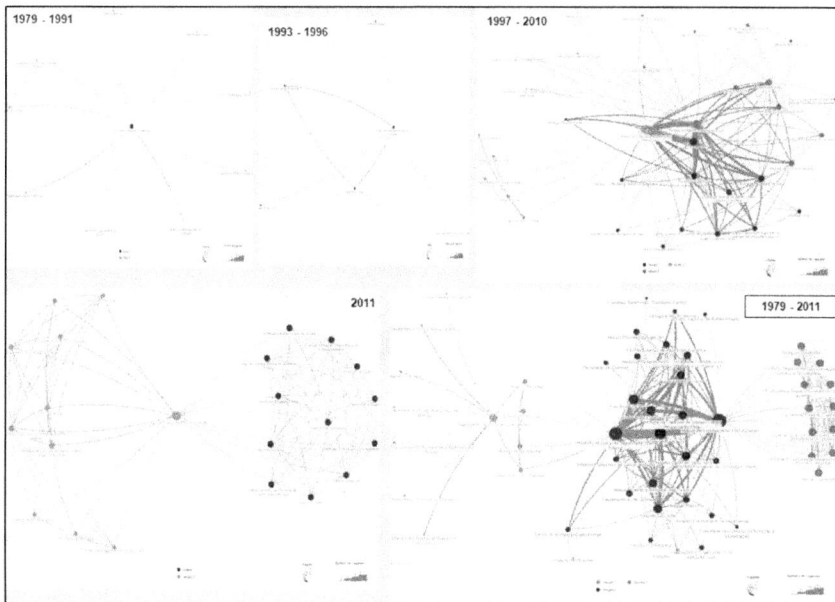

Analisando as redes de Manuel Sobrinho-Simões, foram consideradas 322 publicações correspondentes ao período 1974 – 2011. Destas publicações, 96% são em coautoria. O número médio de assinaturas por publicação é de 5,1. O índice de autores distintos é de 1,2 por publicação. A média de referências institucionais por publicação é de 3,0. Considerando apenas as instituições diferentes, o índice é de 0,4 por publicação. Cerca de 85% das publicações publicadas em coautoria (309) envolve colaboração entre diferentes instituições.

Figura 3 - Configuração territorial da rede de colaboração institucional de Alexandre Quintanilha.

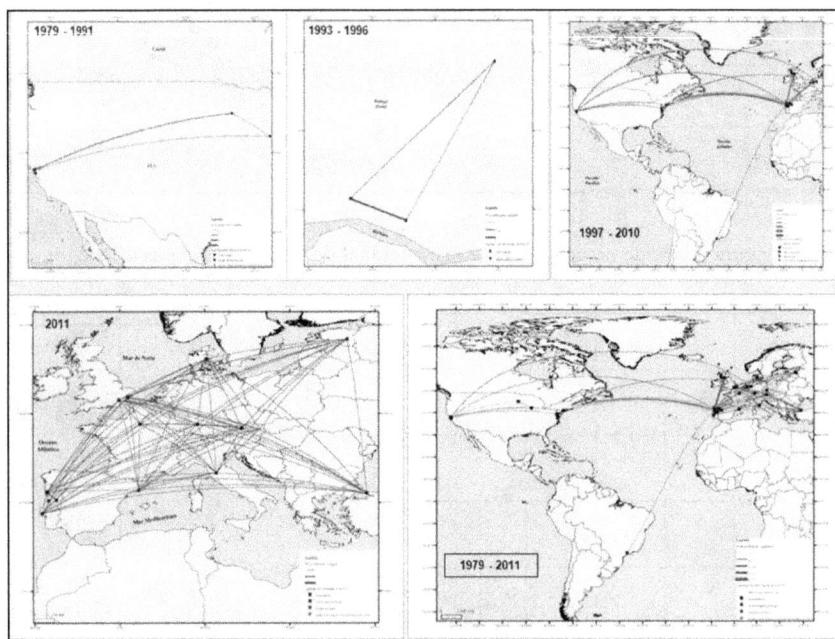

Quanto à rede de autores (Figura 4), há um alargamento da mesma a partir de 1982, com o aumento do número de nós. Destaca-se um grupo central de autores. O alargamento intensifica-se no período 1993 – 2003, intensificando-se também as relações entre os investigadores. No período 2004 – 2011 reforça-se esta situação. Em termos globais, a rede de coautoria é mais alargada do que a de Alexandre Quintanilha.

Quadro 6 – Medidas de análise de redes sociais: publicações de
Alexandre Quintanilha

Medidas	Rede de Autores					Rede de Instituições				
	Período temporal					Período temporal				
	1970 - 1981	1982 - 1996	1987 - 2010	2011	1970 - 2011	1979 - 1991	1982 - 1996	1987 - 2010	2011	1979 - 2011
N° de nós	48	10	97	30	158	10	6	36	23	55
Grau médio	5.609	4.200	13.381	13.400	11.544	2.000	3.667	9.353	10.522	9.236
Intermediariedade média	19.696	2.400	41.309	7.800	72.728	3.500	0.667	11.824	5.739	28.709
Proximidade média	0.012	0.074	0.006	0.023	0.008	0.045	0.163	0.018	0.030	0.009
Coeficiente médio de aglomeração	0.907	0.893	0.886	0.946	0.907	0.208	0.839	0.847	0.940	0.760
N° médio de graus de separação	1.835	1.380	1.841	1.487	1.914	1.600	1.056	1.666	1.456	2.104
Densidade	0.125	0.467	0.139	0.462	0.074	0.222	0.733	0.283	0.478	0.166

Fonte: Adaptado de Ferreira (2012).

Relativamente à rede de colaboração institucional (Figuras 5 e 6), de referir, desde logo, o início do processo de internacionalização no período 1977 – 1981. Neste período, a rede encontra-se estruturada em 2 grupos conectados pela afiliação institucional do *star scientist* – a Faculdade de Medicina da Universidade do Porto –, estendendo-se ao continente europeu e americano e verificando-se, também, a existência de ligações a África. O período de análise seguinte, 1982 – 1990, caracteriza-se pelo fortalecimento das ligações na Europa e nos Estados Unidos da América. Há um alargamento da rede em número de nós. A ligação com os Estados Unidos deixa de constar no período 1991 – 1992, havendo o reforço das ligações de colaboração na Europa. De 1993 a 2003 dá-se o alargamento e a intensificação das ligações na Europa, na Ásia e no continente americano, estando a rede estruturada em diversos grupos. No período 2004 – 2011 ocorre, por um lado, o reforço da rede nacional de colaboração e, por outro lado, a afirmação do processo de globalização da rede.

Figura 4 - Rede de coautoria de Manuel Sobrinho-Simões.

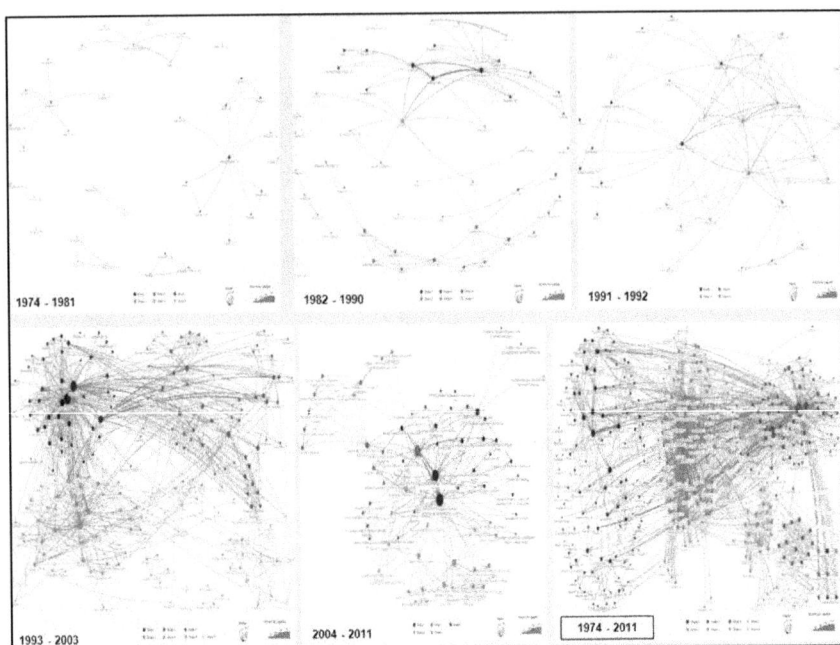

A rede global de colaboração institucional a partir das publicações de Sobrinho-Simões abrange os 5 continentes: Europa, América, Ásia, África e Oceânia. A estruturação da rede é feita a partir das afiliações institucionais do investigador: Faculdade de Medicina da Universidade do Porto, Hospital de São João e Instituto de Patologia e Imunologia Molecular da Universidade do Porto (IPATIMUP). Em todos os períodos analisados, as tipologias de instituições mais representativas foram as Instituições de Ensino Superior seguidas dos Hospitais públicos ou privados (Quadro 7).

Quadro 7 – Tipologia das afiliações institucionais das publicações de Manuel Sobrinho-Simões

Tipo de instituição	Período temporal											
	1977 - 1981		1982 - 1990		1991 - 1992		1993 - 2003		2004 - 2011		1977 - 2011	
	n°	% no total	n°	% no total	n°	% no total	n°	% no total	n°	% no total	n°	% no total
Empresa/Laboratório privado	0	0,0	0	0,0	0	0,0	1	1,7	0	0,0	1	0,8
Ensino superior	4	44,4	6	40,0	4	36,4	31	53,4	33	45,2	60	48,0
Hospital universitário	2	22,2	3	20,0	2	18,2	9	15,5	3	4,1	12	9,6
Hospital (público ou privado)	2	22,2	5	33,3	3	27,3	10	17,2	27	37,0	35	28,0
Fundação/ONG	1	11,1	1	6,7	1	9,1	1	1,7	1	1,4	2	1,6
Instituto de investigação governamental (nacional ou europeu)	0	0,0	0	0,0	1	9,1	6	10,3	9	12,3	15	12,0
Total	9	100,0	15	100,0	11	100,0	58	100,0	73	100,0	125	100,0

Fonte: Ferreira (2012), p. 92.

Figura 5 - Rede de colaboração institucional de Manuel Sobrinho-Simões.

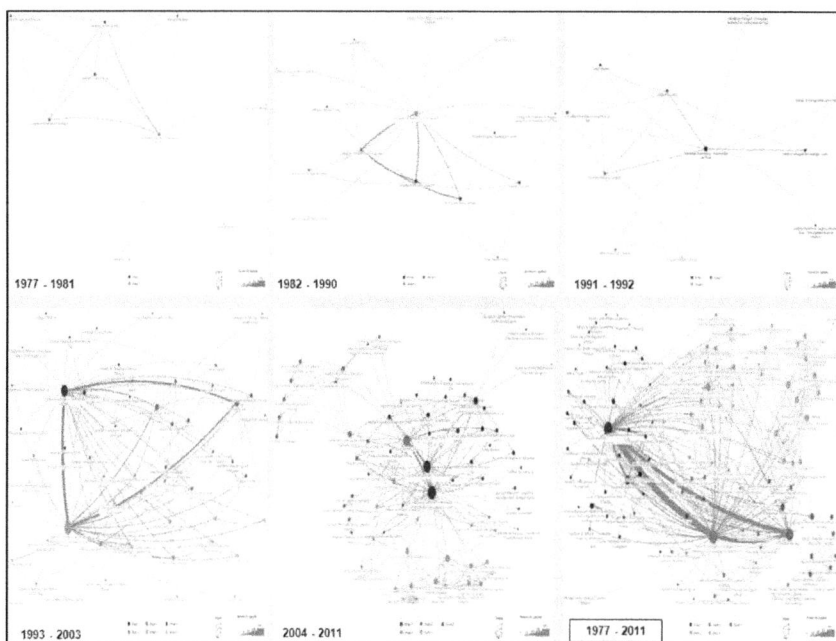

As principais conclusões relativas ao cálculo das medidas de análise de redes sociais estão apresentadas no Quadro 8. O Grau médio quer da rede de autores quer da rede de instituições aumentou ao longo do tempo. Os menores valores de Proximidade

199

média das duas redes verificaram-se no período 1993 – 2011. O Coeficiente médio de aglomeração mantém-se relativamente estável ao longo do tempo, sendo ligeiramente superior no período 2004 – 2011. Tendo em conta o período global de publicação de Sobrinho-Simões, o Nº médio de graus de separação é, em média, de 2, tal como verificado no caso de Alexandre Quintanilha. Também tal como no caso de Alexandre Quintanilha, não é possível tirar conclusões quanto à Densidade.

Figura 6 - Configuração territorial da rede de colaboração institucional de Manuel Sobrinho-Simões.

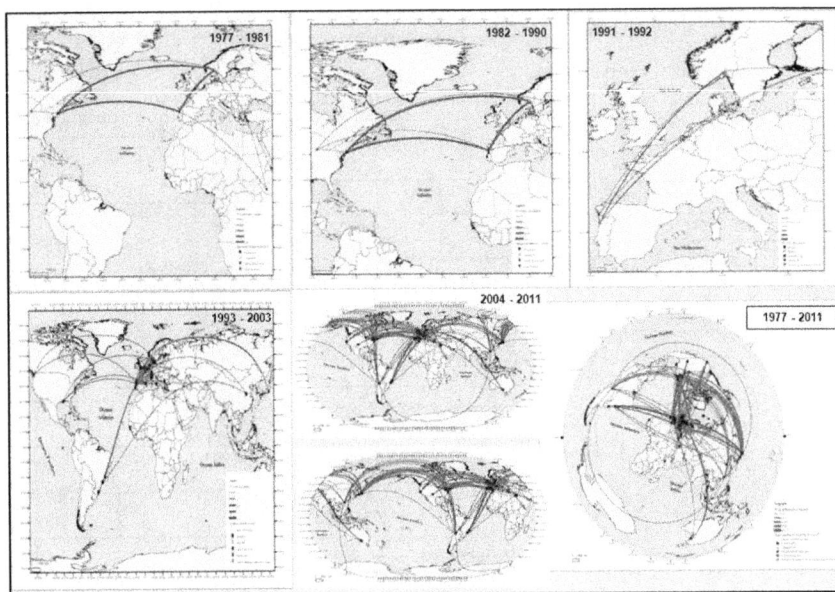

Quadro 8 – Medidas de análise de redes sociais: publicações de Manuel Sobrinho-Simões

Medidas	Rede de Autores						Rede de Instituições					
	Período temporal						Período temporal					
	1974-1981	1982-1990	1991-1992	1993-2003	2004-2011	1974-2011	1977-1981	1982-1990	1991-1992	1993-2003	2004-2011	1977-2011
Nº de nós	38	52	33	200	164	392	9	15	11	58	73	125
Grau médio	3,947	5,615	8,424	11,620	15,012	12,740	3,333	3,733	4,000	6,034	9,151	7,920
Intermediaridade média	16,526	22,692	11,788	93,7	73,994	189,133	2,667	5,467	3,000	26,207	38,753	69,880
Proximidade média	0,014	0,010	0,018	0,003	0,003	0,001	0,078	0,041	0,064	0,009	0,007	0,004
Coeficiente médio de aglomeração	0,863	0,854	0,813	0,866	0,875	0,857	0,497	0,559	0,733	0,855	0,853	0,826
Nº médio de graus de separação	1,843	1,854	1,684	1,932	1,896	1,962	1,481	1,662	1,455	1,886	2,048	2,110
Densidade	0,107	0,110	0,263	0,058	0,092	0,033	0,417	0,267	0,400	0,106	0,127	0,064

Fonte: Adaptado de Ferreira (2012).

Conclusões

As redes entre investigadores e, através deles, entre instituições são reconhecidas na literatura científica como importantes para os processos de produção e transferência de conhecimento científico. Em diversos trabalhos académicos tem sido aplicada a abordagem egocêntrica de análise de redes sociais, estabelecendo-se as redes de coautoria e colaboração institucional de cientistas de topo – designados de *star scientists* por Lynne Zucker e Michael Darby –, indivíduos reputados e apresentando elevada produtividade científica. As redes de coautoria são estabelecidas a partir das publicações científicas conjuntas e as redes de colaboração institucional são estabelecidas a partir das afiliações institucionais dos autores.

Este trabalho pretendeu contribuir para a análise das redes de coautoria e colaboração institucional específicas de dois reputados investigadores nacionais na área das Ciências da saúde – Alexandre Quintanilha e Manuel Sobrinho-Simões.

Os resultados obtidos enquadram-se em duas formas de abordagem diferentes mas complementares. Por um lado, foram utilizados métodos e técnicas de análise de redes sociais para analisar estruturalmente as redes e representar através de grafos as conexões entre autores e entre instituições. Por outro lado, a representação cartográfica das redes de colaboração institucional permitiu compreender a evolução dos padrões espaciais de colaboração dos dois investigadores.

Da análise efetuada conclui-se que a produção de publicações científicas é uma atividade feita em rede e com o envolvimento de diferentes instituições. Quer Alexandre Quintanilha quer Manuel Sobrinho-Simões iniciaram o seu percurso de publicação nos anos 70 do século XX. No caso de Sobrinho-Simões verificou-se um aumento do número de publicações sobretudo a partir de meados da década de 90; no caso de A. Quintanilha, houve um incremento a partir de inícios do século XXI. O número de autores e de afiliações institucionais varia de publicação para publicação. Os valores referentes ao índice de assinaturas de autores e ao índice de referências institucionais de um e de outro são aproximados. Relativamente à relação entre o número de autores ou o número de instituições distintos e o total de publicações, os índices são de respetivamente 1,2 e 0,4, para ambos. A tipologia de instituições mais representada é as Instituições de Ensino Superior. Quanto à configuração territorial das redes de colaboração institucional, verifica-se, regra geral, um fortalecimento da colaboração internacional a partir de meados da década de 90. No âmbito da análise de redes sociais, de referir que o Grau médio aumentou ao longo do tempo para os dois investigadores, indo ao encontro do que se verificou em trabalhos anteriores (Barabási, Jeong et al. 2002) e que a distância média de separação entre cada par de autores ou de instituições é curta – 2 nós – tendo em conta o período global de publicação de cada um deles.

Para desenvolvimentos futuros, fica a sugestão da pertinência de alargar esta análise a mais investigadores com publicações na área das Ciências da Saúde em Portugal. Por outro lado, poderá ser pertinente estudar outras formas de colaboração para além da produção de publicações científicas.

Bibliografia

Andersson Ǎ. E. & Persson, O. (1993). Networking scientists. The Annals of Regional Science, 27, 11-21.

Asheim B. & Coenen L. & Vang J. (2007). Face-to-face, buzz, and knowledge bases, sociospatial implications for learning, innovation, and innovation policy. Environment and Planning C, Government and Policy, 25, 655-670.

Barabási A. L. & Jeong H. & Néda Z. & Ravasz E. &Schubert A. & Vicsek T. (2002). Evolution of the social network of scientific collaborations. Physica A, Statistical Mechanics and its Applications, 311 (3-4), 590-614.

Baur M. & Brandes U. & Lerner J. & Wagner D. (2009). Group-level analysis and visualization of social networks. Algorithmics, 5515 LNCS, 330-358.

Bornmann, L., & Leydesdorff L. & Walch-Solimena C. & Ettl C. (2011). Mapping excellence in the geography of science, An approach based on Scopus data. Journal of Informetrics, 5 (4), 537-546.

Boyack, K. W. & Klavans R. & Börner K. (2005). Mapping the backbone of science. Scientometrics, 64 (3), 351-374.

Cooke, P. (2005). Regionally asymmetric knowledge capabilities and open innovation, Exploring 'Globalisation 2'— A new model of industry organisation. Research Policy, 34 (8), 1128-1149.

Ferreira, C. (2012). Redes de conhecimento na área das ciências da saúde, Análise evolutiva a partir de star scientists nacionais. Dissertação de Mestrado, Faculdade de Letras da Universidade do Porto, Portugal.

Greer, A. L. (1988). The State of the Art versus the State of the Science, the Diffusion of New Medical Technologies into Practice. Journal of Technology Assessment in Health Care, 4, 5-26.

Higgins, M. J. & Stephan P. E. & Thursby J. G. (2011). Conveying quality and value in emerging industries, Star scientists and the role of signals in biotechnology. Research Policy, 40 (4), 605-617.

Lemieux, V: & Ouimet, M. (2008). Análise Estrutural das Redes Sociais. Lisboa: Instituto Piaget.

Leydesdorff, L. & Persson O. (2010). Mapping the geography of science, Distribution patterns and networks of relations among cities and institutes. Journal of the American Society for Information Science and Technology, 61 (8), 1622-1634.

Maier, G. & Kurka, B. & Trippl M. (2007). Knowledge Spillover Agents and Regional Development, Spatial Distribution and Mobility of Star Scientists, DYNREG (Dynamic Regions in a Knowledge-Driven Global Economy), 17, 35.

Moretti, E. & Wilson D. J. (2014). State incentives for innovation, star scientists and jobs, Evidence from biotech. Journal of Urban Economics, 79, 20-38.

Newman, M. E. J. (2001). The structure of scientific collaboration networks. Proceedings of the National Academy of Sciences of the United States of America, 98 (2), 404-409.

Newman, M. E. J. (2004). Coauthorship networks and patterns of scientific collaboration. Proceedings of the National Academy of Sciences of the United States of America, 101 (1), 5200-5205.

Owen-Smith, J. & Powell W. W. (2004). Knowledge Networks as Channels and Conduits, The Effects of Spillovers in the Boston Biotechnology Community. Organization Science, 15 (1), 5-21.

Scott, J. (2000). *Social Network Analysis, A Handbook*. London: SAGE Publications.

Tomassini, M. & Luthi L. (2007). Empirical analysis of the evolution of a scientific collaboration network. Physica A, Statistical Mechanics and its Applications, 385 (2), 750-764.

Valderrama-Zurián, J. C. & González-Alcaide G. & Valderrama-Zurián F. J. & Aleixandre-Benavent R. & Miguel-Dasit A. (2007). Coauthorship Networks and Institutional Collaboration, 60 (2), 117-130.

Wagner, C. S. & Leydesdorff L. (2005). Network structure, self-organization, and the growth of international collaboration in science. Research Policy, 34 (10), 1608-1618.

Zucker, L. G. & Darby M. R. (1996). Star scientists and institutional transformation, Patterns of invention and innovation in the formation of the biotechnology industry. Proceedings of the National Academy of Sciences of the United States of America, 93 (23), 12709-12716.

Zucker, L. G. & Darby M. R. (1997). Individual action and the demand for institutions - Star scientists and institutional transformation. American Behavioral Scientist, 40 (4), 502-513.

Zucker, L. G. & Darby M. R. (1997). Present at the biotechnological revolution, transformation of technological identity for a large incumbent pharmaceutical firm. Research Policy, 26 (4-5), 429-446.

Zucker, L. G. & Darby M. R. (2006). Movement of star scientists and engineers and high-tech firm entry. National Bureau of Economic Research (NBER) Working Paper N. 12172, 1-56.

Zucker, L. G. & Darby M. R. & Furner, J. & Liu R. C. & Ma H. Y. (2007). Minerva unbound: Knowledge stocks, knowledge flows and new knowledge production. Research Policy, 36 (6), 850-863.

RELAÇÕES DE INTERFACE, REDES E CIDADES MÉDIAS: O CASO DE PRESIDENTE PRUDENTE, BRASIL

INTERFACE'S RELATIONSHIP, NETWORK AND MEDIUM-SIZED CITIES: THE PRESIDENTE PRUDENTE, BRAZIL CASE

António Bernardes

Universidade Federal Fluminense, Campos dos Goytacazes – Rio de Janeiro, Brasil

Pesquisador FAPERJ (Fundação de Amparo à Pesquisa do Estado do Rio de Janeiro)

Resumo

A análise e a interpretação das relações de interface, ou seja, aquelas relações que são mediadas eletronicamente, pressupõe considerarmos os locais em que há o aporte técnico dos sistemas de telecomunicações. Nesse sentido, abordamos os aspectos universais ou gerais acerca das relações de interface para em seguida nos determos as particularidades de uma cidade média, no caso, Presidente Prudente, Estado de São Paulo, Brasil. Destaca-se a correlação entre as suas centralidades urbanas e a concentração do aporte técnico das redes de telecomunicações. Realizamos uma série de estudos *in loco* nas áreas centrais destinadas as atividades de lazer noturno na cidade de Presidente Prudente para aferir como as relações de interface podem influenciar nas dinâmicas cotidianas dos citadinos em suas características singulares, privilegiando o

DOI: http://dx.doi.org/10.14195/978-989-26-1197-6_7

estudo de como as redes sociais podem reforçar as centralidades urbanas. Em suma, focamos nossos esforços para o entendimento e a interpretação acerca da recíproca influência entre as relações de interface e aquelas face a face e seus respectivos modos de objetivação numa cidade média.

Palavras-chave: relações de interface; Internet; cidades médias; centralidade urbana; citadinos.

Abstract

The analysis and interpretation of the interface's relationships, in other words, those relationships that are electronically mediated, presuppose the consideration of the places in which exists the technic structure to the telecommunication system. In this sense, firstly we address the universal or general aspects related to the interface's relationship, to observe then it's particularities in a medium city, in the case, Presidente Prudente, São Paulo State, Brazil. The correlation between its urban centralities and the concentration of the technic structure to the telecommunication systems is highlighted. A series of *in loco* studies in the central areas destined to nocturne leisure activities in the city of Presidente Prudente was conducted to verify the interface's relationship, which may influence in the daily dynamics of the townspeople in their singular characteristics, focusing the study of how the social networks can reinforce the urban centralities. To sum up, we focused our efforts on the understanding and interpretation of the reciprocal influence between the interface's relationships and those face to face and their ways of objectification in a medium-sized city.

Key words: interface's relationship; Internet; medium-sized cities; urban centralities; townspeople.

Introdução

A comunicação e a informação são algumas das mais fundamentais atitudes humanas, tanto, são elas que possibilitam a existência dos homens em sociedade. Entender ao contrário é conceber que as relações entre os homens e destes para o meio de sua existência sem o câmbio de signos, símbolos, valores, saberes que são objetivados, repassados, reproduzidos e desenvolvidos. Nesse sentido, a informação não está no polo oposto à comunicação e sim dela deriva. Ela é a comunicação objetivada.

Em todos os períodos da história humana a comunicação e a informação foram fundamentais, mas não podemos negligenciar a relevância que lhes atribuíram nas últimas décadas. Com o meio cada vez mais tecnificado, ou seja, com a crescente objetivação da subjetividade humana na matéria pelo trabalho, a informação passa a ser um elemento muito importante para análise e interpretação das dinâmicas do atual período de globalização. Santos (1996) chama atenção para este fenômeno quando denomina o atual período de técnico-científico informacional. Para ele a ciência precede a técnica como atitude organizativa e dinâmica do modo capitalista de produção. A informação é considerada a mola mestra do atual período na medida em que os objetos ensejam ações aos homens pelas intencionalidades a eles atribuídas.

Dentre os inúmeros fenômenos contemporâneos que poderíamos citar e analisar acerca das dinâmicas concernentes à comunicação e a informação, tomamos aquele das redes de telecomunicações. Tratam-se de sistemas altamente organizados espacialmente e com grande aporte de tecnologia para que ocorra seu funcionamento. Com certo grau de certeza, podemos afirmar que eles mudaram e mudam a maneira que os homens se relacionam entre si e o mundo nas últimas décadas. Em outras palavras, modificou-se a forma que os homens se comunicam e se informam, pois a telecomunicação indica a comunicação efetivada sem a presença do Outro em sua facticidade de ser ou a informação de certo fenômeno que se está em outra situação que não aquela que ele ocorreu. Denominamos estas relações como de interface em contraposição àquelas que são face-a-face, em que a comunicação e informação são estabelecidas em presença do Outro e na mesma situação de certo fenômeno.

As redes de telecomunicações mais utilizadas atualmente estão baseadas no sistema de telefonia móvel celular e no sistema de Internet. Contudo, em períodos pretéritos outros sistemas foram hegemônicos, dentre os quais: telégrafo, rádio, telefonia fixa, televisão analógica etc. Muitos destes antigos sistemas de telecomunicações podem valer-se, sob outras maneiras, por meio da utilização da Internet. Quanto à telefonia móvel celular ela não se trata de um sistema destinado para realização de ligações telefônicas, como quando concebida, ela trabalha com troca de pacote de dados e possibilita o acesso a Internet em boa parte dos locais em que há o aporte técnico necessário.

Para a análise e interpretação das relações de interface é necessário, antes de tudo, considerar os locais em que há o aporte técnico dos sistemas de telecomunicações. Nesse sentido, iniciamos esta discussão pela análise dos aspectos gerais acerca das relações de interface em suas particularidades para em seguida nos determos as singularidades da cidade média de Presidente Prudente (Estado de São Paulo, Brasil), destacadamente, quanto suas centralidades urbanas em correlação com a concentração do aporte técnico das redes de telecomunicações. Buscamos analisar e representar cartograficamente a organização, distribuição, oferta e qualidade dos serviços prestados para os sistemas de telecomunicação nesta cidade levando em conta certas características universais. Para inferir acerca de como as relações de interface podem influenciar nas dinâmicas cotidianas dos citadinos, realizamos uma série de estudos in locu – que apresentaremos parte deles neste texto – nas áreas centrais destinadas as atividades de lazer noturno. Privilegiamos o estudo das redes sociais – a forma como os sujeitos se relacionam objetiva e materialmente – e como as redes sociais mediadas pela Internet – com destaque para o Facebook – podem reforçar as centralidades urbanas. Em suma, focamos nossos esforços para o entendimento e a interpretação acerca da recíproca influência entre as relações de interface e face-a-face e seus respectivos modos de objetivação. Por fim, perpassa esta discussão alguns aspectos teórico-metodológicos acerca das diferentes concepções de redes tendo como base os estudos de campo e suas formas de representação por meio da teoria dos grafos nos estudos geográficos.

As relações de interface

Comunicar e informar são atitudes fundamentais para a manutenção da existência humana. São por meio delas que objetivamos e partilhamos o conhecimento e o entendimento dos fenômenos com outros sujeitos[1], ao mesmo tempo, podemos desenvolvê-los por este câmbio perpétuo. Tanto a comunicação como a informação pressupõe ao menos uma forma de linguagem comum entre os sujeitos para que se efetivem. A comunicação objetivada é informação.

Mitchell (2002) trata essas atitudes fundamentais das relações entre os sujeitos nas discussões iniciais de seu livro "E-topia" para entender os seus diferentes modos contemporâneos, estabelecendo, de forma geral, duas maneiras: as relações sincrônicas e as relações assíncronas.

As relações sincrônicas são entendidas como diretas e indiretas. As diretas são aquelas que os sujeitos estão num mesmo meio, face-a-face, e se comunicam entre si, por exemplo: a tomada de decisões na ágora grega e/ou o debate de um tema entre os estudantes em uma sala de aula. Certo sujeito se comunica frente-a-frente com o Outro. Esta relação é simultânea e presencial. As indiretas são aquelas estabelecidas com os outros sujeitos que estão distantes de nós, ou seja, não há sua presença. O Outro não está em sua facticidade de ser no mesmo meio em que estamos para estabelecermos a comunicação. Contudo, esta relação é simultânea, mesmo que ocorrendo à distância, como, por exemplo, as videoconferências mediadas pela Internet. Para as relações assíncronas há a presença do sujeito no ato informativo. A comunicação se caracteriza por temporalidades e meios distintos. Podemos utilizar como exemplo um recado deixado na geladeira ou a leitura de livro.

O conceito de sincrônico e assíncrono trabalhado por Mitchell atribui como fundamental a dimensão temporal. As relações assíncronas apontam para

---

[1] Consideramos o conceito de sujeito, destacadamente, como sujeito social de forma próxima ao considerado por Lindón (2009, p.7), como segue: "O conceito de sujeito – pela via filosófica – também dá conta de um ser que experimenta o mundo (aqui está a relação entre o sujeito e a subjetividade) e também está relacionado com outra entidade. Por ele, o sujeito ao mesmo tempo que possui iniciativa e capacidade transformadora, também implica uma sujeição a um mundo social. Esta segunda componente do conceito de sujeito (a sujeição) também tem base filosóficas profundas".

o ocorrido, uma ideia objetivada e informada. Há certa informação passada e os comunicantes não partilham do mesmo meio. As relações sincrônicas, de modo geral, apontam para o simultâneo. Um dado fenômeno que ocorre ao mesmo tempo em que outro. Fenômeno tautócrono. Fatos que coincidem em sua ocorrência temporal, mas, não necessariamente espacial. Quando as relações são sincrônicas diretas, a simultaneidade do fenômeno é tão próxima quanto à dimensão espacial em que ele ocorre. Um sujeito está face-a-face do Outro e há a comunicação e a troca de informações em certo meio e temporalidade comum a ambos. Para as relações sincrônicas indiretas, o meio comum não é partilhado e sim uma simultaneidade para a informação comunicada. Isto incorre que a comunicação é efetivada somente de forma mediada.

As relações sincrônicas indiretas são aquelas que denominamos de relações de interface, cada vez mais comuns no nosso cotidiano. Assistir um programa de TV "ao vivo" é uma relação sincrônica indireta, mas quando o assistimos e sua temporalidade é distinta daquela que vivenciamos, trata-se de uma relação assincrônica. Estas relações podem ser somente receptivas, como os sistemas de televisão e rádio analógicos; ou interativas, que pressupõem um *feedback* entre os sujeitos ou entre estes e a máquina(s), como: *chats*, jogos *on-line* e *off-line*, sistemas operacionais de computadores, Internet e os sistemas de televisão digital.

As relações sincrônicas indiretas, por mais que aparentem, não é um fato novo. Elas remontam a comunicação via rádio, quando simultânea. Sendo possível desde o século XIX. Atualmente, além de simultâneas, elas podem ser interativas. Esta é uma de suas diferenças em comparação com as outras. Não se trata tão e somente da emissão de informações pelos veículos de mídia e sim pode haver uma resposta, comunicação, dos então ouvintes e espectadores a certa informação veiculada. Atualmente, boa parte das relações sincrônicas indiretas e interativas está amparada na utilização e mediação da rede de Internet, tanto para aquelas realizadas por meio de dispositivos portáteis, como os telefones celulares, como para aquelas realizadas por meio de rádios, TVs e computadores com o uso de aplicativos para certa socialização.

Para aproximar a discussão realizada por Mitchell (2002) daquelas atinentes à Geografia, consideramos que o espaço quando abordado pode ser constatado, primeiramente, pela seguinte pergunta: onde? Entendemos que ele o é de modo direto ou indireto quando sincrônico, ou seja, onde os sujeitos estabelecem suas relações. Privilegiam-se as singularidades e, quando muito, as particularidades das relações sincrônicas.

A análise do autor está restrita aos sujeitos e aos locais em que elas são estabelecidas, tanto, que fora dos locais que se "aproximam" pelas relações de interface, há uma espécie de vácuo. Consideramos que as relações de interface ao mesmo tempo em que são simultâneas e aparentam estabelecer a proximidade entre os locais e os sujeitos, reiteram a distância que a técnica busca superar. Elas indicam um conjunto de sistemas técnicos necessários para a efetivação da comunicação mediada. Em outras palavras, para que haja quaisquer relações de interface, antes de tudo, é necessária a existência de um sistema técnico que as possibilitem e mediem a comunicação.

Deste modo, pelas singularidades tratadas por Mitchell para as relações de interface podemos alçar o entendimento para suas universalidades. Isto implica em considerar a materialidade da rede de telefonia e da rede de Internet e, assim, o espaço geográfico como uma dimensão para análise do aporte técnico dos territórios. Considerar tanto as particularidades como as universalidades para análise é considerar que o aporte técnico dos territórios precede as relações de interface. Destarte, sem as redes de telecomunicações não seria possível relações sincrônicas indiretas. Elas possuem como fundamento ser mediadas por dispositivos técnicos. É inconcebível uma ligação telefônica sem telefone e rede de telefonia, assim como, uma videoconferência sem computador e rede de Internet. Esta é outra característica fundamental que a diferencia das relações sincrônicas diretas e assíncronas.

As cidades médias e o lazer noturno: o caso da cidade de presidente Prudente, Brasil

A concepção espacial de Mitchell (2002) está próxima à ideia de que na contemporaneidade o tempo suprime o espaço devido à simultaneidade das relações ou a teoria da compressão espaço-tempo como indicado por Bauman (2001) e Giddens (1991). É notória a relevância que Mitchell atribui a categoria tempo em detrimento do espaço. Esta concepção está alicerçada nas considerações acerca das relações de interface por suas particularidades, numa escala geográfica reduzida. Todavia, a distância a ser transposta para a comunicação entre dois sujeitos nas relações de interface indica o conjunto de sistemas de objetos que a fundamenta. Eis que esta teoria demonstra seu limite analítico e, assim, entendemos que é somente após considerar as universalidades acerca das dinâmicas das relações de interface que podemos inferir, novamente, a sua dimensão particular; das relações que são estabelecidas entre os sujeitos e suas respectivas formas de organizações como, por exemplo, as redes sociais.

Quando abordamos as universalidades das relações de interface indicamos a imersão para o entendimento acerca da distribuição dos objetos técnicos que compõem os sistemas de telecomunicação, tanto para a rede de telefonia móvel celular quanto para a rede de Internet. Nesse sentido, para considerarmos a organização dos objetos das redes de telecomunicação é necessário elegermos um sítio para análise. Indicamos o município de Presidente Prudente como pressuposto empírico para discussão no intuito de entendermos com mais acuidade as redes de telecomunicações. Trata-se de um município do interior do Estado de São Paulo, Brasil, com uma população de 207.625 habitantes (IBGE, 2010) e caracterizando-se como cidade média em função do papel que desempenha na rede urbana. De acordo com Sposito (2004), as cidades médias desempenham considerável centralidade interurbana, ou seja, cada qual possui papel intermediário nas relações que se estabelecem entre cidades de certa rede urbana.

A centralidade interurbana exercida por uma cidade média indica a certa polarização ou aglomeração das atividades econômicas e de gestão do território. No caso da cidade de Presidente Prudente, estas atividades estão concentradas, principalmente, no setor de prestação de serviços – médico, educacional e lojista em geral – e empreendimentos relacionados à agropecuária. Sua influência abarca além do oeste do interior do Estado de São Paulo – macrorregião a qual pertence –, também, o norte do Estado do Paraná e o leste do Estado do Mato Grosso do Sul.

Sposito (2004) indica que nas cidades médias não há somente a concentração das atividades econômicas, de serviços e de gestão para a rede urbana e sim a sua dinâmica intraurbana também é marcada pela extensão, descontinuidade e multiplicação das áreas centrais. Há a multicentralidade intraurbana. Certos serviços e atividades estão marcadamente concentrados em certos locais da cidade que exercem e reforçam centralidades intraurbanas específicas, como é o caso de Presidente Prudente.

Partindo destes pressupostos quanto à centralidade interurbana e intraurbana, selecionamos a rede de telecomunicações para aferir onde há a concentração dos objetos técnicos que a compõem e onde há o serviço prestado com melhor qualidade[2]. Por meio do *Mapa 1* podemos analisar as redes de telecomunicação do município, seja pelos objetos que compõem seus respectivos sistemas ou pela espacialização do serviço prestado.

Pela análise do *Mapa 1*, evidencia-se que as operadoras de telefonia móvel celular e de Internet em Presidente Prudente buscam atender a maior quantidade de usuários, na medida em que os serviços de melhor qualidade são ofertados na área em que há o adensamento da malha urbana, assim como, naquelas que exercem representativa centralidade pelo fluxo de pessoas e de capitais.

Os objetos técnicos estão organizados para otimização do sistema e obtenção de lucro pelas operadoras de telefonia móvel celular e Internet. A oferta dos serviços de telecomunicações em Presidente Prudente leva em conta os locais em que há maior oferta de comércio e serviços. Esta lógica reforça a centralidade de certas áreas que já são centrais (TURRA NETO; BERNARDES, 2013).

Deste modo, a seleção de uma área para a pesquisa acerca das relações de interface deve, necessariamente, levar em conta os locais que possuem

---

[2] Tomamos como base para esta discussão outro trabalho (TURRA NETO; BERNARDES, 2013) desenvolvido por nós que objetivou o mapeamento da rede de telefonia móvel celular e da rede de Internet do município de Presidente Prudente, a partir de levantamento de dados junto ao IBGE (Instituto Brasileiro de Geografia e Estatística) e ANATEL (Agência Nacional de Telecomunicações). Ele foi sistematizado num conjunto de cartas em que o meio urbano da cidade de Presidente Prudente foram superpostas informações quanto à distribuição das antenas prestadoras de serviço de telefonia móvel – o raio de abrangência do sinal de radiofrequência de cada uma delas, considerando o relevo e a morfologia urbana da cidade –, bem como a distribuição da qualidade do sinal de Internet na cidade – tanto daquela cabeada como via rádio.

a melhor oferta dos serviços de telecomunicação. Trata-se de locais condicionados para a pesquisa devido ao aporte técnico que lhe atribuíram e a espacialidade que se suscita para análise. Somente assim podemos discutir acerca das relações de interface, pois não são todos locais que possuem este conteúdo técnico e, logo, não é possível falar de relações de interface estabelecidas em alhures.

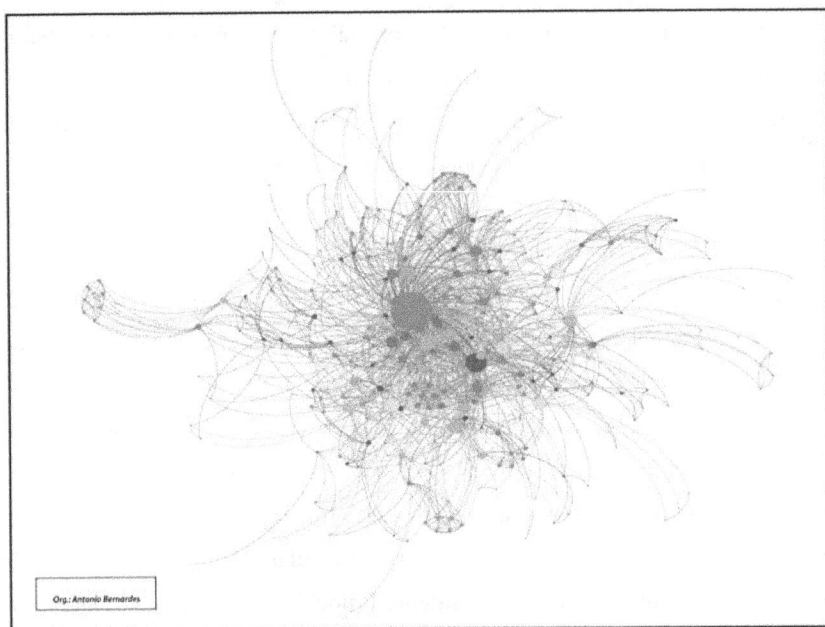

Org.: Antonio Bernardes

Definir o "onde" para pesquisa é aferido pelo aporte técnico dos locais, assim como, o "quando" pela contemporaneidade e simultaneidade das relações de interface e o "como" pelo próprio fato das relações serem mediadas eletronicamente, incorrendo na utilização de terminais convenientemente preparados. Cabe, então, identificarmos com mais acuidade o "onde", "quem" e o "por que". A segunda, sob a forma de indagação, indica o público a ser pesquisado e a terceira os objetivos dos sujeitos pela telecomunicação.

Com o intuito de responder essas questões colocadas, realizamos uma pesquisa de campo. Para a segunda e a terceira indagação, buscamos por meio da observação sistemática de algumas redes sociais mediadas pela Internet, destacadamente, o Facebook[3], direcionar a pesquisa para o público que mais utiliza as relações de interface e que nos permitisse interpretar e mensurar objetivamente as informações de forma correlacionada aos locais que possuem melhor acessibilidade aos serviços de telecomunicações.

Inicialmente, precisamos investigar certo segmento social que utiliza as relações de interface com frequência para estabelecer a telecomunicação. Consideramos que o público juvenil como aquele que poderia nos oferecer lastro empírico para a pesquisa e que possuem como objetivo o desenvolvimento de atividades relacionadas às práticas espaciais de interação social no tempo livre. Restava-nos selecionar um local específico. Pela mesma pesquisa, partimos de diversos locais na cidade que possuem o aporte técnico para que ocorram as relações de interface e selecionamos um: a área central da cidade – conforme destacada no *Mapa 1* – como aquela que há considerável aporte técnico para a rede de telecomunicações e possuem atividades dos mais variados tipos de atividades de serviço, dentre eles o lazer noturno com grande presença do público juvenil. Todavia, quando indicamos o centro tradicional da cidade para pesquisa precisamos pondera-lo para pesquisa, pois se trata de uma centralidade muito específica:

> O centro é área principal de articulação das estruturas urbanas. Constitui-se no nódulo principal das redes do sistema viário das cidades e é a área que possui maior circulação de pessoas, concentrando as principais atividades de comando econômico e se constituindo, muitas vezes, no espaço de maior conteúdo histórico e simbólico (SANTOS, 1980 apud SPOSITO, 2011, p.18).

No caso de Presidente Prudente, a área central da cidade é onde há a concentração das atividades de serviços e de comércio, assim como, um grande

---

[3] A seleção do Facebook como a rede social em que iremos identificar as relações de interface decorre do fato de ser esta a rede social mais popular no Brasil e não se restringir a estabelecer relações para públicos específicos. Um dos motivos da popularidade do Facebook se deve ao fato de que ele possibilita a telecomunicação por meio de textos, imagens, vídeos, sons etc. com uma interface dinâmica, amparada num *design* e numa forma de estruturação das informações que são de fácil manuseio.

fluxo de capitais e de pessoas. Este processo é histórico, pois é o primeiro núcleo comercial da cidade em sua fundação no início do século passado. Como tal, denota certa simbologia.

As lógicas locacionais direcionadas pelos estabelecimentos que oferecem lazer noturno para os citadinos não diferem muito daquelas adotadas pelos estabelecimentos comerciais de bens e serviços que dinamizam a vida da cidade no que se denomina de horário comercial. Margulis (1997 apud TURRA NETO; BERNARDES, 2013, p.6), afirma que à noite outra cidade emerge, cujo público é marcadamente juvenil e as práticas sociais são aquelas ligadas a uma "cultura da noite". Estamos no cerne do que Simmel (1983 apud TURRA NETO; BERNARDES, 2013, p.6) denomina de sociabilidade, ou seja, a reunião de sujeitos que possui fim em si mesmo, sem conteúdos definidos, do qual eles partilham e participam o simples prazer que a reunião proporciona.

Deste modo, não podemos considerar que as centralidades urbanas vinculadas ao lazer noturno são estritamente marcadas e deliberadas pela lógica comercial, ou melhor, não é somente por ela condicionada. Devemos considerar, também, seu caráter mais fluído tendo como parâmetro a sociabilidade, pois:

> [...] aqui ou ali, uma multidão pode se reunir, objetos amontoarem--se, uma festa ocorrer, um acontecimento, aterrorizante ou agradável, sobrevir. Daí o caráter fascinante do espaço urbano: a centralidade sempre possível. (LEFEBVRE, 1999, p.121)

Estamos de acordo com a assertiva de Lefebvre, notadamente, quando abordamos a centralidade pelas relações vinculadas ao consumo do lazer noturno. Ela é "sempre possível", pois "não existem lugares de lazer, de festa, de saber, de transmissão oral ou escrita, de invenção, de criação, sem centralidade" (LEFEBVRE, 1999, p.93). Contudo, devemos considerar que ambos os modos de entender as centralidades urbanas não se excluem, combinam-se contraditoriamente. Mesmo aqueles eventos em que há a reunião de pessoas para o exercício de determinada atividade, não exclui o fato de eles ocorrerem num local carregado de intencionalidades, pois a própria cidade como uma construção social é intencional. No limite, não podemos deixar de considerar que os espaços que exercem certa centralidade são toponímias de referência para a reunião de pessoas e objetos, isto já denota certa centralidade e intencionalidade.

A diferença reside no fato de que a centralidade mais fluída e ocasional pode não ser explicitamente deliberada, mas, o simples fato de ocorrer no espaço urbano já indica sua condição. Ela é determinada e determinante, pois é uma forma objetiva e material das contradições urbanas. Determinada porque, ao menos no caso das relações de interface, a existência das redes de telecomunicações é seu fundamento e, desta, certo local central que exerce historicamente uma centralidade. Ela é determinante, porque na medida em que se está em certo centro destinado as atividades de comércio, aquelas que possuem como fundamento o lazer noturno tencionam suas características pela própria forma que os sujeitos se apropriam do espaço urbano em questão. Concomitantemente, ao tencionar, reforçam uma centralidade urbana existente que, no nosso caso, ocorre pelas relações de interface.

O reforço das centralidades pelas relações de interface só podem ocorre quando temos a prestação dos serviços de telecomunicações estendidos por boa parte do território. Caso contrário, estaríamos lidando como a dinâmica de redes cujos nós possuem caráter pontual. Para a cidade de Presidente Prudente, a prestação do serviço abrange boa parte da cidade, mesmo que em distintas qualidades – como notado no *Mapa 1* –. Isto incorre em considerarmos que as dinâmicas características das relações de interface podem se objetivar nos locais que exercem certa centralidade, assim como, as dinâmicas das relações face-a-face podem se objetivar nas relações de interface, destacadamente, nas redes sociais. Há uma influência recíproca entre eles.

Santaella (2008), sob outros termos, afirma que no atual período é difícil distinguir as recíprocas influências entre as dinâmicas concernentes aos espaços das relações mediadas eletronicamente daqueles das relações materiais e objetivas, ou seja, respectivamente, entre as relações de interface e aquelas face-a-face. Ela propõe a concepção de espaço intersticial para entender este fenômeno contemporâneo, como segue:

Os espaços intersticiais referem-se às bordas entre espaços físicos e digitais, compondo espaços conectados, nos quais se rompe a distinção tradicional entre espaços físicos, de um lado, e digitais, de outro. Assim, um espaço intersticial ou híbrido ocorre quando não mais se precisa 'sair' do espaço físico para entrar em contato com ambientes digitais. Sendo assim, as bordas entre os espaços digitais e físicos tornam-se difusas e não mais completamente distinguíveis (SANTAELLA, 2008, p.21).

Assim, teríamos, destacadamente, nesta área central da cidade o que Santaella (2008) denominou de espaço intersticial. Onde é desenvolvida uma sociabilidade de novo tipo, produto das possibilidades técnicas, mas também do uso, cada vez mais intenso, das novas tecnologias das comunicações que possibilitam as relações de interface.

Santaella indica as particularidades do espaço e trata a categoria espaço como intersticial. Temos certas ressalvas quanto esta assertiva, pois, de certo modo ela afirma que há dois espaços distintos que se conectam gerando um terceiro que é, justamente, a brecha entre ambos – o interstício – uma espécie de híbrido. Entendemos que não há separação entre o espaço físico e os digitais. Está é uma dicotomia tão custosa quanto aquela entre sujeito e objeto. Como discutimos em outro momento (BERNARDES, 2012), levar estas assertivas a cabo significa que os fenômenos cotidianos de caráter objetivo e material se desenvolvem de um lado e de outro há os fenômenos digitais, ou seja, aqueles que são mediados eletronicamente e não possuem lastro material para se efetivarem; e, em certo momento estas distintas dimensões se conectam e formam um híbrido. Ora, a infraestrutura das redes de telecomunicações é o lastro material das relações de interface e é somente quando há este aporte técnico que podemos falar de relações de interface. Aqui podemos expandir a análise e considerar além dos grandes objetos técnicos que constituem as respectivas sistemas há aqueles que estão para os sujeitos em seu uso cotidiano – os terminais móveis, como: *tablets*, telefones móveis, *PCs* etc.

Para discutir a recíproca influência entre as relações de interface e aquelas face-a-face e suas respectivas formas de objetivação na materialidade que, pode incorrer no reforço de centralidades urbanas em acordo com a organização dos sistemas de telecomunicações, é necessário não nos atermos tão e somente à espacialidade ou aos sujeitos das relações e sim aos modos que elas se desenvolvem, as suas articulações e o que e como elas se objetivam. As articulações são tão múltiplas tanto quanto os sujeitos que as desenvolvem e aquilo que objetivam. É essa fluidez das relações que devemos levar em conta, o novo tipo de sociabilidade que proclamam e a forma que se objetiva no espaço enquanto totalidade ao invés de promover análises dicotômicas.

As redes das redes sociais

Os "pequenos objetos" manipulados pelos sujeitos – como por exemplo: *tablets*, telefones móveis, *PCs* etc. – que possibilitam as relações de interface constituem os sistemas de telecomunicações tanto quanto os grandes objetos – como as antenas, servidores, cabeamentos etc. A diferença fundamental entre eles para a análise é que os sujeitos imersos no cotidiano manipulam os "pequenos". São por meio deles que podemos reaver a discussão das relações de interface por suas particularidades e como efetivamente há a recíproca influência entre as relações de interface e as face-a-faces e seus modos de objetivação no meio de existência dos homens.

De alguma forma as particularidades para as relações de interface sempre estiveram presentes na discussão, notadamente, quando temos a sociabilidade como parâmetro. Por um lado, tratar acerca das redes de telecomunicações é reiterar seu fundamento, a comunicação e a informação, seja elas de interface ou face-a-face, elas são uma forma de sociabilização. Por outro lado, analisar as centralidades urbanas é indicar um local que exerce significativa atração ou repulsão na cidade pelos modos de sociabilidade que objetivam. Os fluxos, as articulações, a mobilidade e os deslocamentos, qualitativa e quantitativamente, são diferentes conceitos que nos permitem abordar os movimentos dos sujeitos para indicar aquilo que é central ou não.

No que concerne às centralidades urbanas, o que diferencia uma de outra são os modos de sociabilidade objetivados. Por exemplo, podemos considerar que elas podem ocorrer em períodos distintos do dia, o que incorre em diferentes formas de organização para o lazer noturno e para as atividades comerciais características do horário comercial de certa cidade. Para nosso caso empírico, na cidade de Presidente Prudente consideramos que a área destinada às atividades comerciais em geral, centro da cidade, coincide como aquela que centraliza as atividades de lazer noturno, assim como, o aporte técnico das redes de telecomunicações. Deste modo, entendemos que as relações de interface reforçam as centralidades urbanas ao menos de dois modos: como destacado, pela distribuição dos objetos técnicos que compõem as redes de telecomunicações, privilegiando seu aporte aos locais centrais e, com isso, possibilitando e desenvolvendo novas formas de sociabilidade mediadas eletronicamente nos locais que já exercem certa centralidade. Para este último, elas possibilitam que os sujeitos tomem contato com os locais e com outros sujeitos de forma mediada eletrônica e simultaneamente. O que pode induzir ao deslocamento, a intensificação dos fluxos e do movimento para aos locais centrais.

Tomando como exemplo a pesquisa de campo realizada na cidade de Presidente Prudente, notamos que nos bares da área central da cidade de Presidente Prudente há o uso das redes sociais – principalmente, o Facebook – pelos seus frequentadores para se comunicar com os amigos no decorrer da noite e quando se define onde ir, há um significativo peso de onde os amigos estão. Contata-se que há recíprocas dinâmicas entre os sujeitos que são, ao mesmo tempo, internautas e frequentadores do bar. Os sujeitos tomam contato com os locais e com outros sujeitos de forma mediada eletronicamente, objetivando suas ações tanto nas redes sociais mediadas pela Internet como no bar e, ao fazerem, divulgam uma imagem do bar, um conjunto simbólico que pode influenciar outros sujeitos a irem ao bar. Em outros termos, a dinâmica dos bares possuem influências nas redes sociais, assim como, as redes sociais na área destinada ao lazer noturno. Tais relações podem induzir ao deslocamento dos sujeitos e a intensificação dos fluxos, reiterando os aspectos significantes e reforçando certa centralidade urbana.

Dos três estabelecimentos comerciais pesquisados na área de lazer noturno da central, ao menos dois levou alguns dos aspectos que discutimos. Este fenômeno é considerado e utilizado pelos proprietários dos estabelecimentos como uma ferramenta estratégica para divulgação dos eventos, pois, conforme um dos sócios de um bares estudados, o Butiquim Café Bar, boa parte dos seus clientes utilizam o Facebook:

> A gente faz a programação da semana no bar, coloca os flyers, vamos supor, quinta, sexta e sábado... E solta no Face a programação nossa... Então os clientes veem, eles interagem [...] no dia seguinte, eles comentam no Face e tudo, que gostou, que não gostou...". Já atingiram quatro mil visualizações num único flyer (informação verbal)[4].

Uma das estratégias adotadas pelos proprietários era postar fotos simultâneas ao movimento do bar. Segundo ele, em uma das noites, ele postou fotos do movimento da casa e pouco tempo depois houve a lotação do estabelecimento. Contudo, outro sócio-proprietário do Butiquim Café Bar, assim como, um dos funcionários responsáveis pela divulgação do bar na rede social afirmaram que, apesar da movimentação na página do bar, o Facebook não tem servido como medidor confiável do que vai acontecer na dinâmica na noite, pois nem sempre os *flyers* mais visualizados correspondem aos eventos mais movimentados e o inverso também é verdadeiro (TURRA NETO; BERNARDES, 2013).

Com certa segurança, podemos afirmar que as relações de interface, especificamente, as redes sociais, reforçam a sociabilidade de certo grupo de amigos, conhecidos ou mesmo de uma rede de contatos e são utilizadas pelos proprietários do respectivo estabelecimento para divulgação e consumo do e no lugar. Isto perpassa o manejo mercadológico de uma referência ideológica e de códigos culturais de certo grupo, assim como, considera-se que as relações mediadas eletronicamente perfazem aquelas que são face-a-face, mas, em outras dimensões e sob outras formas de interação.

---

[4] BUTIQUIM, Proprietário. Entrevista 2. [fev. 2013]. Entrevistadores: TURRA NETO, N. Presidente Prudente: UNESP, 2013. 1 arquivo MP3. Entrevista concedida ao Projeto temático FAPESP "Lógicas econômicas e práticas espaciais contemporâneas: cidades médias e consumo".

A estratégia mercadológica adotada por um dos sócios-proprietários do Butiquim Café Bar, com a postagem de fotos na rede social para atrair seu público no decorrer da noite coincide com uma dinâmica que pudemos analisar em campo: os frequentadores/internautas da área estudada mantêm relações mediadas eletronicamente com certo grupo de amigos ou de "comuns" nas redes sociais, permitindo o monitoramento do que acontece no decorrer da noite na cidade e onde se pode ir. Podendo implicar no câmbio de locais. Em muitos dos sujeitos pesquisados foi possível constatar que há um fluxo intenso entre os estabelecimentos e/ou áreas que exercem centralidade do lazer no decorrer da noite.[5]

Considerando os diferentes sujeitos e locais, principalmente, as relações estabelecidas entre eles, podemos reiterar (TURRA NETO; BERNARDES, 2013) que as redes sociais mediadas eletronicamente promovem redes e reforçam outras tantas já constituídas pelas relações face-a-face. Assim como, criam e desenvolvem outras redes oriundas das relações de interface. Sua tecitura é complexa tanto quanto os fluxos e as relações que a promovem. É nesse sentido, que a trama que constitui esse fenômeno pode ser compreendida como redes de redes.

Os deslocamentos dos frequentadores/internautas na noite são influenciados por redes de contatos próximos e por redes sociais mediadas pela Internet. Uma se mistura com a outra. A cada ligação telefônica, mensagem de texto e/ou postagem nas redes sociais se abre uma nova possibilitada de troca dos locais e de sociabilidade. Podemos citar como exemplo um dos bares pesquisados na referida área: ele possui um público marcadamente homoafetivo e antes mesmo da consolidação das redes sociais mediadas pela Internet já havia o desenvolvi-

---

[5] O fluxo e a constante migração dos locais de lazer noturno nos aproxima de uma espécie de versão moderna do *flâneur* de Benjamin (1997). Trata-se de uma figura literária que retrata certos hábitos dos sujeitos da primeira metade século XIX que percorriam as cidades e vivenciavam uma experiência associada as transformações no espaço urbano parisiense. O *flâneur* é aquele que perambula pela cidade, caminha ociosamente, como uma forma de lazer. Flanar é verbo e um modo de apreender a cidade. Para o *flâneur* a rua e os caminhos é seu lugar. Por outro lado, os pesquisados não se referem a um perambular incessante ou o *zapping* e sim o perambular direcionado ao câmbio de locais que exercem certa centralidade de lazer noturno na cidade, estando conforme suas redes sociais, de contatos e seus interesses na noite. Os frequentadores/internautas flanam quando estão em determinando local buscando outros pelas relações de interface, mas nem sempre incorre numa ação de mudança de local.

mento de uma rede de sujeitos homoeróticos para propiciar o encontro entre comuns. O meio utilizado era divulgação de certos eventos pela exposição de *flyers* em *magazines*, lojas de vestuário e até mesmo restaurantes em que seus proprietários são orientados sexualmente para o mesmo sexo e/ou parte de sua clientela. Todavia, se antes a sua divulgação era feita estritamente dentro de um "círculo" por meio e em estabelecimentos comerciais específicos, atualmente, ela é, também, realizada pela Internet, destacadamente, pelas redes sociais e o Facebook é o principal sítio eletrônico utilizado.

Deste modo, podemos tomar algumas proposições de Latour (1996), considerando cada frequentador/internauta como uma espécie de nó de uma rede de contatos. Latour desenvolve a *actor-network theory* ou a teoria do ator-rede, não com vistas a entender, especificamente, as relações mediadas pela Internet e sim as formas organizativas e de relações entre os sujeitos na sua cotidianidade. Ele indica uma nova ontologia para se entender as dinâmicas da sociedade contemporânea, ou seja, o entendimento das relações entre os sujeitos sob a forma de rede e que cada sujeito – atores, no conceito utilizado por Latour – possui uma rede de contatos:

> Mais precisamente, é uma mudança de topologia. Em vez de pensar em termos de superfícies – duas dimensões – ou esferas – três dimensões – os convido a pensar em termos de nós que possuem tanto um número maior de dimensões como de conexões. Como uma primeira aproximação, o AT reinvidica que as sociedades modernas não podem ser descritas sem a identificação de sua fibrosidade, ramificações, resistências, pegajosidade, viscosidade e capilaridade, características que não podem ser entendidas pelas noções de níveis, camadas, territórios, esferas, categorias, estrutura e sistemas. Tem-se o objetivo de explicar esses efeitos por meio dessas palavras tradicionais sem ter que compactuar com seus aspectos ontológicos, topológicos e políticos.
>
> AT foi desenvolvido por estudantes de Ciência e Tecnologia e sua alegação é que ele é totalmente impossível entender o que mantém certa sociedade unida sem reconsiderar no seu tecido os fatos produzidos pelas

ciências naturais e sociais e os objetos técnicos projetados pelas engenharias. Como uma segunda aproximação, a AT indica que única maneira de conseguir isso é pela reconsideração de uma entendimento dos tecidos sociais através da ontologia em rede e da teoria social. (LATOUR, 2013, p.3)

Latour contesta a utilização de alguns termos e conceitos com características bidimensionais e tridimensionais para se entender as relações sociais contemporâneas e propõe que busquemos na concepção de rede, em que os nós podem ter tantas dimensões como conexões, para sua compreensão. Ao indicar que a rede deve ser considerada como uma ontologia e teoria social, a teoria do ator-rede indica os sujeitos como fundamentais para o desenvolvimento, consolidação e manutenção da rede como uma forma de sociabilidade.

Deste modo, é possível afirmar que a sociabilidade estabelecida na área estudada são desenvolvidas tanto pelas relações face-a-face como pelas relações de interface. Cada sujeito pode ser considerado como um nó da rede, tanto para as relações mediadas eletronicamente ou não. Entendemos que é e *está* nos sujeitos o liame entre aquilo que Santaella (2008) denominou de espaço intersticial. Não levamos a cabo que há um espaço físico e um espaço virtual a ser conectado e tampouco um interstício entre eles. Há os sujeitos sociais que em seus diferentes modos de sociabilidade objetivam suas ações no meio de sua existência e a forma que interpretamos estas complexas relações pode ser sob a forma de redes. A concepção de rede dá conta num mesmo movimento da relacionalidade das relações quanto sua forma. Eis a recíproca influência entre as relações de interface e aquelas face-a-face, como relações que *são* e *estão* nos sujeitos sociais que também são internautas.

Representações gráficas das redes sociais

Após a discussão acerca das relações de interface e suas recíprocas influências pelas relações face-a-face, podendo reforçar as centralidades urbanas, realizaremos uma digressão acerca de como a emergiu a necessidade de utilização de uma concepção de rede para nossos estudos. Por mais que desenvolvemos a discussão até este momento em direção a discussão de redes, é necessário reitera certas elucubrações para então abordarmos acerca das representações gráficas das relações sociais estudadas.

No início da pesquisa realizada na cidade de Presidente Prudente não adotamos certa concepção de rede para entender os fenômenos das relações de interface e sua recíproca influência para as relações face-a-face. Privilegiamos o desenvolvimento metodológico para entender como este fenômeno pode reforçar as centralidades urbanas. Todos os dados oriundos das observações sistemáticas, entrevistas e enquetes aplicadas foram sistematizados com o fim de identificar os deslocamentos, os movimentos dos sujeitos na cidade e o porquê eles ocorriam e como se objetivavam em certos locais e áreas que exercem certa centralidade urbana para o lazer noturno.

A consideração de uma teoria das redes nos ocorreu quando buscamos representar graficamente esta complexa tecitura, tanto para as relações mediadas eletronicamente como para aquelas face-a-face, e porque constatamos que havia forte influência dos contatos próximos dos frenquentadores/internautas da área pesquisa de onde se ir na noite. A princípio, a necessidade de representação gráfica emergiu devido à necessidade de identificar e realizar entrevistas com os sujeitos que possuíam significativa importância para os fenômenos estudados. Os dados foram levantamos e sistematizados manualmente em várias *fan pages* do Facebook. Tratou-se de um trabalho incomensurável, mas que reiterava os questionários e enquetes aplicados *in locu* quanto à importância dos contatos próximos, ou seja, da rede de contatos mais próximos, de onde se ir na noite.

Neste momento tomamos contato e adotamos alguns *softwares* de levantamento, sistematização e tratamento gráfico dos dados obtidos pelas redes sociais mediadas pela Internet. Trata-se do *Template* para o *Microsoft Excel, NodeXL* que possibilita levantar e sistematizar os dados e o *Gephi* que, por meio de algoritmos matemáticos, gera as representações das redes sob a forma de grafos[6].

---

[6] A teoria de grafos trata-se de um ramo da Matemática que estuda as relações entre os objetos de um determinado conjunto se utilizando de estruturas denominadas de grafos. Esta teoria possui

O *Grafo 1* trata-se da rede social obtida por meio da representação da *fan page* do Facebook de um dos estabelecimentos estudados, o Kituts Grill Bar, na área central da cidade de Presidente Prudente. A partir de sua utilização não só levantamos e sistematizamos uma grande quantidade de dados, como realizamos uma análise qualitativa quando o teor das postagens realizadas pelos internautas, os locais que eles frequentam, a identificação[7] dos principais sujeitos da rede e seus respectivos contatos. Este grafo foi desenvolvido seguindo a lógica de agrupamento em *clusters*, ou seja, cada cor representa um grupo de contatos imediatos em relação a nó principal. Cada nó se trata de um internauta e as linhas são as suas respectivas conexões na rede. A dimensão de cada nó indica sua importância na rede.

Pelo *Grafo 2* representamos a rede social do mesmo estabelecimento, mas considerando a quantidade e qualidade das conexões. Utilizamos o algoritmo HITS (*Hyperlink-Induced Topic Search*) para estabelecer a forma de agrupamento. Ele analisa as conexões e classifica cada nó como uma espécie de *website*, considerando sua importância e conexões – *Hubs and authorities* – para a rede. A importância indica o valor do nó em si e a conexão estima o valor das ligações de saída do nó. Em outras palavras, o algoritmo HITS mensura a interação e a respectiva importância de cada nó na rede (MCSWEENEY, 2014).

Somente neste momento que a *actor-network theory* desenvolvida por Latour (1996) passou a ter sentido para o estudo de caso. Ela nos possibilitou tratar cada frequentador/internauta como uma espécie de nó de uma rede de contatos para abordar a complexidade e as relações entre os sujeitos. Considera-se que os nós podem ter tantas dimensões como conexões e os sujeitos são fundamentais para o desenvolvimento, consolidação e manutenção da rede como uma forma de sociabilidade. Contudo, pela teoria de Latour não é possível considerarmos a importância de certo internauta na rede. Ora, constata-se que

---

forte relação com a Topologia, notadamente, quando consideramos seus aspectos continência, adjacência e conectividade. Ela possibilita discussões a acerca das redes (arcos e nós) e análises espaciais relacionados a linhas, pontos e polígonos.

[7] Preservarmos a identidade dos internautas, por mais que estas sejam públicas nas *fan pages* do Facebook.

a *actor-network theory* não possui este objetivo. Ela aborda a relacionalidade entre os diferentes sujeitos, dos nós, mas para nosso estudo tão importante quanto o reforço das centralidades urbanas são os sujeitos que possuem notoriedade pela quantidade de conexões numa rede. São por meio deles que podemos inferir a influência e modo como às centralidades urbanas podem ser reforçadas. Quanto mais conexões numa rede, maiores são as possibilidades de certo sujeito influenciar maior número de pessoas, assim como, mais amplo se torna a divulgação de certo evento.

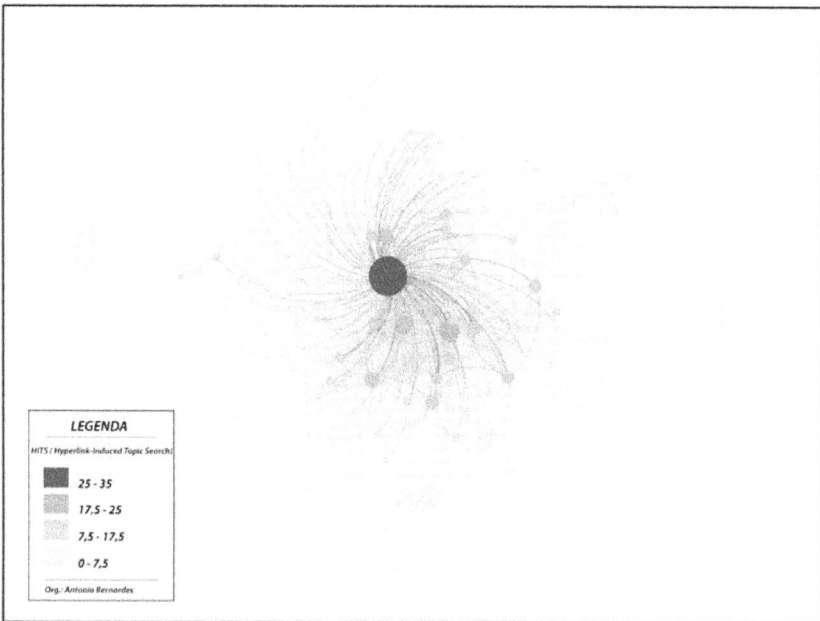

LEGENDA

HITS / Hyperlink-Induced Topic Search

25 - 35
17,5 - 25
7,5 - 17,5
0 - 7,5

Org.: Antonio Bernardes

A teoria dos rizomas desenvolvida por Deleuze e Guattari (2000) surge como uma possibilidade complementar a teoria de Latour para nossa pesquisa. Eles destacam cinco princípios que, nas palavras dos autores, são:

> [...] Princípios de conexão e de heterogeneidade: qualquer ponto de um rizoma pode ser conectado a qualquer outro e deve sê-lo. É muito diferente da árvore ou da raiz que fixam um ponto, uma ordem. [...] Princípio de multiplicidade: é somente quando o múltiplo

é efetivamente tratado como substantivo, multiplicidade, que ele não tem mais nenhuma relação com o uno como sujeito ou como objeto, como realidade natural ou espiritual, como imagem e mundo. [...] Princípio de ruptura a-significante: [..] Um rizoma pode ser rompido, quebrado em um lugar qualquer, e também retoma segundo uma ou outra de suas linhas e segundo outras linhas. [...] Todo rizoma compreende linhas de segmentaridade segundo as quais ele é estratificado, territorializado, organizado, significado, atribuído, etc; [...] Princípio de cartografia e de decalcomania: um rizoma não pode ser justificado por nenhum modelo estrutural ou gerativo. Diferente é o rizoma, *mapa e não decalque.* Fazer o mapa, não o decalque. A orquídea não reproduz o decalque da vespa, ela compõe um mapa com a vespa no seio de um rizoma. Se o mapa se opõe ao decalque é por estar inteiramente voltado para uma experimentação ancorada no real. (DELEUZE; GUATTARI, 2000, p.9-21)

Deleuze e Guattari propõem cinco princípios para entendimento do rizoma: de conexão e heterogeneidade, o ruptura a-significante e de cartografia e decalcomania. Pelo primeiro princípio podemos constatar que conexão recíproca entre os diferentes frequentadores/internautas. Destaca-se a relacionalidade entre os sujeitos, ou seja, suas formas de sociabilidade. Pelo segundo, quando o rizoma é rompido isso não implica seu término e sim outra forma de reprodução. Tomamos como exemplo, o fechamento do principal bar homoerótico da cidade de Presidente Prudente, o Butiquim Café Bar. Ao encerrar as atividades comerciais isto não incorreu na "morte" do rizoma. O seu rompimento levou a readequação das relações por meio um de seus bulbos. Outros lugares passaram exercer a centralidade urbana destinada ao lazer noturno para estes sujeitos. Outros sujeitos tomaram a dianteira e centralizaram as redes e houve uma complexificação territorial das relações. O último princípio, de cartografia e decalconomia, Deleuze afirma que não há modelos, decalques, para os rizomas e sim o mapa, pois este é baseado no real. Ele é integrante e integrado do real.

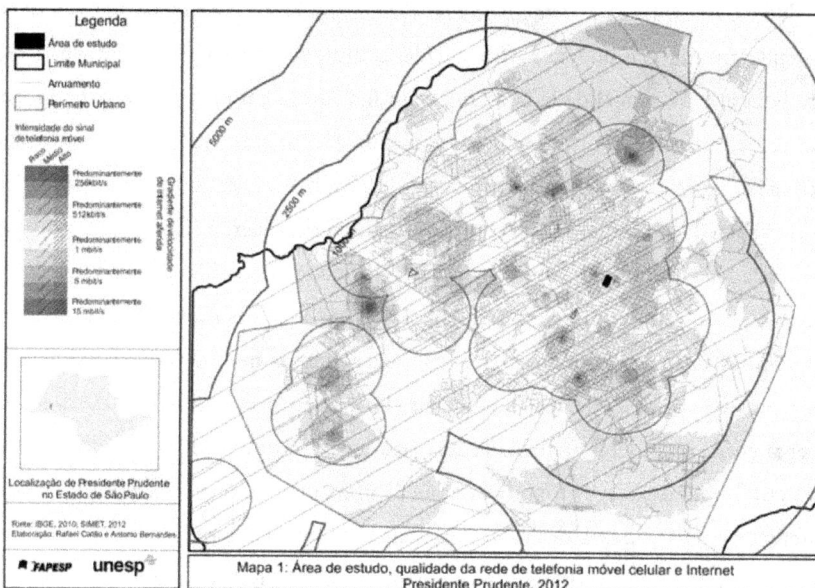

Mapa 1: Área de estudo, qualidade da rede de telefonia móvel celular e Internet
Presidente Prudente, 2012

O mapa não reproduz um inconsciente fechado sobre ele mesmo, ele o constrói. Ele contribui para a conexão dos campos, para o desbloqueio dos corpos sem órgãos, para sua abertura máxima sobre um plano de consistência. Ele faz parte do rizoma. O mapa é aberto, é conectável em todas as suas dimensões, desmontável, reversível, suscetível de receber modificações constantemente. Ele pode ser rasgado, revertido, adaptar--se a montagens de qualquer natureza, ser preparado por um indivíduo, um grupo, uma formação social. (DELEUZE; GUATTARI, 2000, p.22)

A teoria do rizoma indica uma representação aberta para as relações baseadas no real, para as dinâmicas sociais. Considera-se as linhas e suas quebras, os agrupamentos e reagrupamentos, é conectavél e cada "bullbo", como uma espécie de nó, que pode representar os sujeitos e/ou objetos pelas suas multiplicidades de relações e sua respectiva importância em determinada "rede". É nesse sentido que a teoria dos rizomas é muito mais próxima da realidade estudada e da representação utilizada – em grafos – por suas múltiplas relações e suas respectivas intensidades e a importância de cada sujeito na "rede".

229

Não descartamos a *actor-network theory* em favor da teoria dos rizomas. Entendemos que elas podem ser trabalhadas conjuntamente e indicam preocupações similares acerca da realidade contemporânea: a forma e o modo como as relações sociais de um período histórico em que o aporte técnico possui significativa notoriedade e, muitas vezes, as mediam. Latour (1996, p.3) afirma que "o AT reinvidica que as sociedades modernas não podem ser descritas sem a identificação de sua fibrosidade, ramificações, resistências, pegajosidade, viscosidade e capilaridade". Estes adjetivos ou mesmo conceitos são diferentes daqueles tradicionais para abordagem nas Ciências Humanas. Destarte, entendemos que indicam a resistência, os fluxos e as formas de relações sociais. Discussão próxima aquela de Deleuze acerca conexão e heterogeneidade dos rizomas, em que a relacionalidade é um aspecto fundamental. A proposição deste último autor poderá contribuir de modo diferenciado para nossa discussão, especificamente, pelos princípios de ruptura a-significante e de cartografia e decalcomania, como mencionado anteriormente.

Considerações finais

Buscamos trazer para o debate neste texto uma série de discussões que possuem como fundamento as relações de interface e o contexto espaço-temporal em que elas são realizadas. Como "pano de fundo" desenvolvemos uma abordagem que cambiou da singularidade à universalidade, perpassando pela particularidade. Utilizamos este procedimento no intuito de não recair num processo de mistificação especulativa da realidade, como nos alerta Engels (apud LUKÁCS, 1968, p.101):

> De fato, todo conhecimento efetivo, completo, consiste apenas no seguinte: que nós, como pensamento, elevamos o singular da singularidade à particularidade e desta à universalidade, que nós reencontramos e estabelecemos o infinito no finito, o eterno no caduco. A forma da universalidade, porém, é forma fechada em si, isto é, infinitude; ela é a síntese dos muitos finitos no infinito.

Para Engels se deve partir da singularidade em direção ao singular e, deste, ao particular e ao universal. Em verdade, a própria singularidade se trata de uma espécie de amálgama das particularidades e das universalidades do real.

Para o nosso caso, aquilo que indicamos como singularidades das relações de interface puderam ser indicadas pelos procedimentos metodológicos em campo – observação sistemática, observação participante e a aplicação de entrevistas, questionários e enquetes – que é sua dimensão concreta. Salienta-se que aquilo que denominamos de relações de interfaces não são singularidades e sim particularidades. Indicam um modo específico de relação social, a qual, por sua vez, se trata de uma universalidade. Para este texto partimos de certa particularidade, das relações de interface, mas que, inicialmente, foi constituída como certa singularidade, ou seja, emergiu para a pesquisa em formas de questionamentos que a antecedeu o projeto de investigação pelas relações concretas na cotidianidade, pelas singularidades que são os modos específicos de comunicação entre, por exemplo, um sujeito A com o sujeito B, como indicado por Mitchell (2002).

Outra dimensão particular desta pesquisa são as cidades médias. Elas só tem sentido num contexto mais amplo de mundo e suas respectivas dinâmicas sócio-espaciais. A cidade de Presidente Prudente é sua singularidade, o concreto. Em termos geográficos, o global se manifesta no local e o lugar no espaço e, inversamente para ambos (MASSEY, 2000). Eis, a complexidade relacional em questão.

Já para as redes sociais podemos inferir que o conceito de rede e de rizoma são umas das formas representativas e explicativas para abordar as dinâmicas e a organização das relações sociais – incluindo os objetos técnicos. A rede e o rizoma *per si* não dizem nada, é necessário considerar seu fundamento e universalidade, a sociedade. Suas particularidades são as relações mediadas eletronicamente ou não, para as singularidades que são as relações concretas entre sujeitos determinados. Abordar, inicialmente, as relações de interface em suas singularidades e particularidades permite não dissocia-las daquelas face-a-face, como se cada uma se desenvolvesse em planos distintos do real. Considera-se que ambas são modos de relações sociais.

Sabemos que o movimento ontológico objetivo no sentido de sociabilidades cada vez mais explicitas no ser social é composto por ações humanas; ainda que as decisões singulares entre alternativas não levem, no desenvolvimento da totalidade, aos resultados visados pelos indivíduos, o resultado final desse conjunto não pode ser inteiramente independente desses atos singulares. Essa relação deve ser formulada com muita cautela: e isso porque a relação dinâmica entre os atos singulares fundados sobre alternativas e o movimento de conjunto se apresenta de modo bastante variado ao longo da história, ou seja, é diferente nas diversas formações e, em particular, nas diversas etapas de desenvolvimento e transição. (LUKÁCS, 1979, p.125)

Lukács indica que os homens são uma expressão da sociedade e ela só o é devido a sua expressão em cada homem. As escolhas e os projetos dos homens nem sempre cumprem os objetivos por eles propostos no mundo, mas com isso não se deve entender que o universal esteja de modo independente do singular. Pelo contrário, são os fenômenos singulares e particulares que caracterizam e atribuem cor ao universal.

São pelas ações singulares dos sujeitos que ao manipular os "pequenos objetos" para se estabelecer a comunicação com o Outro que todo o sistema de telecomunicações se efetiva, seja para o sistema de telefonia móvel celular ou de Internet. Em outros termos, seguindo uma lógica sistêmica, o *input* das ações singulares dos sujeitos é o que anima e perfaz o sistema. O *output* é a informação comunicada ao Outro.

Não há qualquer sentido de considerar um sistema de telecomunicação sem as ações singulares dos sujeitos – ligações telefônicas, envio de mensagens de texto, postagem em rede social, envio de e-mail etc. –, assim como, não levar em conta que os sistemas enquanto universalidades são organizados levando em contas algumas características gerais – particularidade – funda-da nas relações singulares. Isso implica que cada relação singular tem certa influência na universalidade, assim como, a própria universalidade influência nas distintas singularidades.

É comum notarmos com mais facilidade, ainda mais no atual período de globalização, as influências ou mesmo determinações das universalidades em detrimento das singularidades e até mesmo das particularidades. Contudo, é necessário situarmos os termos e as diferentes dimensões do entendimento para a análise e interpretação da totalidade do real. Evitar dissociações arbitrárias imersas em idealismos modernos, porque o ser social, os sujeitos, são quem atribuem diferentes valores e distinções aos meios de sua existência, assim como, a espacialidade que vivenciam incorre e influencia, contraditoriamente, em seus diferentes modos de vida. Atualmente, um modo de vida dos sujeitos é ser internauta. Eis a intricada e contraditória dialética entre a singularidade, particularidade e universalidade das relações de interface nas áreas de lazer noturno da cidade de Presidente Prudente. Uma totalidade em questão.

Referências

Bauman, Z. (2001). *Modernidade líquida*. Rio de Janeiro: Jorge Zahar.

Benjamin, W. (1997). *Obras Escolhidas III – Charles Baudelaire: um lírico na época do capitalismo*. São Paulo: Brasiliense.

Bernardes, A. (2012). Das perspectivas ontológicas à natureza do internauta: contribuição à epistemologia em Geografia. Tese de doutorado, Programa de Pós Graduação em Geografia da FCT/UNESP, Presidente Prudente, Brasil.

BUTIQUIM, Proprietário. Entrevista 2. [mar. 2013]. Entrevistador: TURRA NETO, N. Presidente Prudente: UNESP, 2013. 1 arquivo MP3. Entrevista concedida ao Projeto temático FAPESP "Lógicas econômicas e práticas espaciais contemporâneas: cidades médias e consumo".

Deleuze, G. & Guattari, F. (2000). *Mil platôs: capitalismo e esquizofrenia* (vol. 1). Rio de Janeiro: Editora 34.

Giddens, A. (1991). *As consequências da modernidade*. São Paulo: Unesp.

Instituto brasileiro de geografia e estatística (IBGE) (2014). *Censo Demográfico 2010: Sinopse*. Acedido a 28 de maio de 2014, em http://cidades.ibge.gov.br/xtras/perfil.php?codmun=354140.

Latour, B. (2013). On actor-network theory. A few clarifications plus more than a few complications. Soziale Welt. Acedido a 5 de abril de 2013, em http://www.cours.fse.ulaval.ca/edc-65804/latourclarifications.pdf.

Líndon, A. (2009). La construcción socioespacial de la ciudad: el sujeto cuerpo y el sujeto sentimiento. Revista Latinoamericana de Estudios sobre Cuerpos, Emociones y Sociedad, 1 (1), 6-20.

Lefebvre, H. (1999). *A revolução urbana*. Belo Horizonte: UFMG.

Lukács, G. (1979). *Introdução a uma estética marxista: sobre a categoria da particularidade*. São Paulo: Livraria Editora Ciências Humanas.

Massey, D. (2000). Um sentido global de lugar. In A. A. Arantes (org.), O espaço da diferença (176-185). Campinas: Papirus.

Mcsweeney, P. J. (2014). Gephi Network Statistics: Google Summer of Code 2009 Project Proposal. Acedido a 28 de maio de 2014, em http://gephi.org/google-soc/gephi-netalgo.pdf.

Mitchell, W. (2002). *E-topia: a vida urbana - mas não como a conhecemos.* São Paulo : Senac.

Santaella, L. (2008). A ecologia pluralista das mídias locativas. Revista FAMECOS, 37, 20-24.

Santos, M. (1996). *A natureza do espaço. Técnica e tempo. Razão e emoção.* São Paulo : Hucitec.

Sposito, M. E. B. (2004). O chão em pedaços: urbanização, economia e cidades no Estado de São Paulo. Tese de Livre Docência, UNESP, Presidente Prudente, Brasil.

Turra Neto, N. & Bernardes, A. (2013). Relações de interface e centralidade de lazer noturno em Presidente Prudente - São Paulo. In F. Oliveira, D. Freire, G. Jesus & L. Oliveira (Coord.), *Ciência e ação política: por uma abordagem crítica.* XIII Simpósio Nacional de Geografia Urbana, Rio de Janeiro.

www.ingramcontent.com/pod-product-compliance
Lightning Source LLC
Chambersburg PA
CBHW061158220326
41599CB00025B/4529